KB127026

우주와 천체의 원리를 그림으로 쉽게 풀이한

천문학 사전

우주와 천체의 원리를 그림으로 쉽게 풀이한

천문학 사전

1판 1쇄 발행 | 2018년 10월 25일
1판 11쇄 발행 | 2024년 7월 29일

글 | 후타마세 도시후미   **구성** | 나카무라 도시히로   **그림** | 도쿠마루 유우
옮김 | 조민정   **감수** | 전영범

펴낸곳 | 도서출판 그린북
펴낸이 | 윤상열
기획편집 | 서영옥 최은영
디자인 | 김민정
마케팅 | 윤선미
경영관리 | 김미홍
출판등록 | 1995년 1월 4일(제10-1086호)
주소 | 서울시 마포구 방울내로11길 23 두영빌딩 3층
전화 | 02-323-8030~1
팩스 | 02-323-8797
이메일 | gbook01@naver.com
블로그 | blog.naver.com/gbook01

ISBN | 978-89-5588-355-8   43400

일러두기
외래어 표기 및 천문학 관련 용어는 국립국어원 표기를 기준으로 하였습니다.

우주와 천체의 원리를 그림으로 쉽게 풀이한

천문학 사전

후타마세 도시후미 지음 | 나카무라 도시히로 구성 | 도쿠마루 유우 그림
조민정 옮김 | 전영범 감수

그린북

차 례

제 **1** 장

여러 가지 천체

우주를 연구한
철학자·과학자

제 **2** 장

태양과 달과 지구

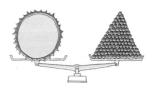

제 **3** 장

태양계의 친구들

제 **4** 장

항성의 세계

제 **5** 장

우리 은하와 은하 우주

제 **6** 장

우주의 역사

제 **7** 장

우주와 관련된 기초 용어

〈천문학 사전〉 활용하기

이 책은 우주와 천문에 관한 '기초 키워드'와 '중요 키워드'를
간략하고 이해하기 쉽게 해설하고 있다.
다음과 같은 방법으로 즐긴다면 많은 도움이 될 것이다.

1 모르는 용어 조사하기

책, 뉴스, 과학관 해설 표지판 등에 나오는 용어 중 모르는 것이 있으면 이 책의
마지막에 나오는 **찾아보기** 부분을 확인해 보자. 숫자가 가리킨 쪽을 따라가면 설
명이 실려 있다.

2 읽고 싶은 부분만 읽기

이 책은 각 항목이 따로 독립되어 있기 때문에 아무 데나 펼쳐 읽어도 상관없다.
관련 주제는 가까운 위치에 정리해 두었기 때문에 함께 읽으면 한층 이해가 깊
어질 것이다. 총 7장으로 되어 있으니 읽고 싶은 곳부터 펼쳐 읽어 보자.

3 매일 조금씩 읽기

'우주에 대해 잘 모르는' 성인은 물론이고 천문학에 관심이 많은 자녀와 함께 읽
고 싶다면 '자기 전에 조금씩' 읽는 방식을 추천한다.

용어

책 맨 끝의 **찾아보기**를 펼치면
실린 쪽수를 알 수 있다.

영어 표기

각 용어의 영어 표현이
표기되어 있다.

중력 붕괴

Gravitational collapse

중력 붕괴란 나이를 먹은 무거운 별이 자기 무게를 견디지 못하고 붕괴되는 현상
을 말한다. 태양보다 8배 이상 무거운 별은 마지막에 중력 붕괴를 일으키며 별
전체가 사라지고 만다. 이것이 초신성(22쪽)이다.

개요

요점을 간단히
설명하였으며,
중요 용어는
강조해 두었다.

별의 질량이 정하는 노후 모습

헤드라인

궁금한 뉴스를
골라 읽듯이
이 헤드라인만
읽어도 OK!

태양의
8배 이하
질량인 별

적색 거성이
된다.

탄소와 산소가
형성되면
핵융합이 끝난다.

탄소
수소

백색 왜성이 된다.

태양의
8배 이상
질량인 별

적색 초거성이
된다.

적색 초거성에서는
온도가 점점 올라가고
산소와 탄소도 핵융합을
해서 네온, 마그네슘,
규소가 만들어지는데,
이것들도 핵융합을 해.

양파 같군
……

수소
헬륨
탄소, 산소
산소, 네온, 마그네슘
규소
철

최종적으로
중심부에 철이
생기는구나.

적색 초거성 단면도
(초거성 폭발 직전의 상태)

162

페포 캐릭터

수백만 광년 너머에서 지구로 찾아온 외계인 캐릭터.
이 책 전반에 모습을 보이며 우주 강의를 해 주고 있다.

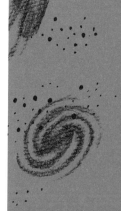

제 **1** 장

여러 가지
천체

별/항성

항성이란 스스로 빛을 내며 반짝이는 별로, 밤하늘의 별은 대부분 항성이다. 항성은 가스로 이루어져 있는데, 표면 온도가 수천 도 이상이나 될 만큼 아주 높다.

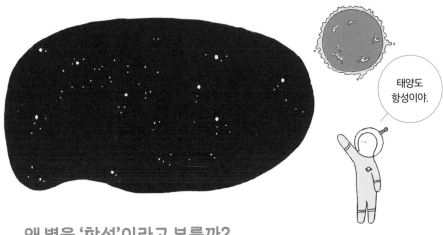

태양도 항성이야.

왜 별을 '항성'이라고 부를까?

지구에서 봤을 때 밤하늘의 항성들은 상대적인 위치가 변하지 않는다. 늘 그 자리에 있기 때문에 항상 제자리에 있는 별이라는 뜻으로, 항성이라고 부른다.

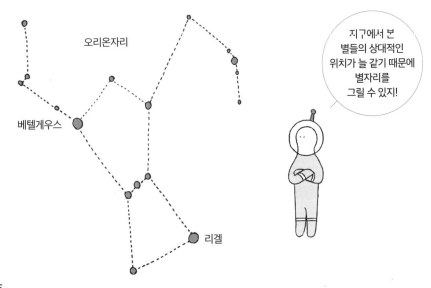

오리온자리

베텔게우스

리겔

지구에서 본 별들의 상대적인 위치가 늘 같기 때문에 별자리를 그릴 수 있지!

항성은 '별 모양'이 아니다?

항성은 보통 공처럼 둥근 모양을 하고 있다. 항성의 가스가 열 때문에 부풀어 오르려고 하는 힘과 자체의 무게(중력) 때문에 쪼그라들려고 하는 힘이 팽팽하게 균형을 이루기 때문이다.

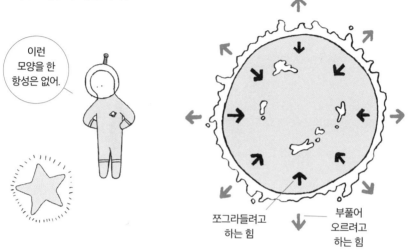

이런 모양을 한 항성은 없어.

쪼그라들려고 하는 힘

부풀어 오르려고 하는 힘

우주에는 항성이 몇 개나 있을까?

항성은 우주에서 은하(30쪽)라는 집단을 만들고 있다. 은하에는 1000억 개 정도의 항성이 있다. 그리고 우주에는 1000억 개가 넘는 은하가 있다. 그러니까 우주에는 1000억×1000억 개 이상의 항성이 있는 셈이다.

전 세계 해안에 있는 모래알의 개수보다 우주에 있는 별의 개수가 훨씬 더 많아.

행성

행성은 항성의 주위를 도는 천체이다. 항성보다 온도가 낮은 행성은 스스로 빛을 내지 못하지만, 중심에 있는 항성의 빛을 반사해 마치 빛나는 것처럼 보인다.

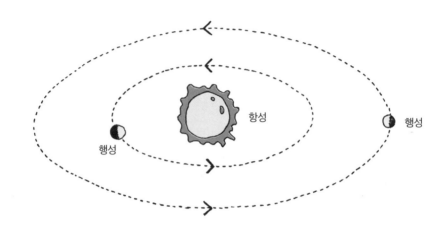

태양계에는 행성이 몇 개나 있을까?

우리가 사는 지구가 속한 태양계(68쪽)에는 지구를 포함해 8개의 행성이 있다. 지구는 태양에서 세 번째로 가까운 행성이다.

큰 것부터 작은 것까지 태양계의 행성은 각양각색이야.

태양에서 가까운 순서대로 표시한 행성

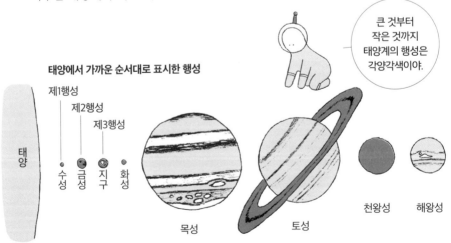

018

왜 '행성'이라고 부를까?

밤하늘을 올려다보면, 일주일 전에 어느 별(항성) 가까이에 있었던 별이 오늘 밤에는 다른 별과 더 가까이에 있는 것을 볼 수 있다. 이렇게 어슬렁어슬렁 돌아다니는 별이라고 해서 행성이라고 부른다.

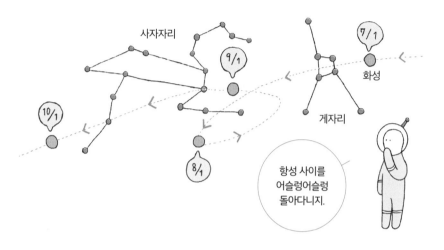

위성

Satellite/Natural satellite/Moon

위성이란 행성의 주위를 도는 천체를 말한다. 위성도 스스로 빛을 내지 못하고, 항성의 빛을 반사해 빛나는 것처럼 보인다.

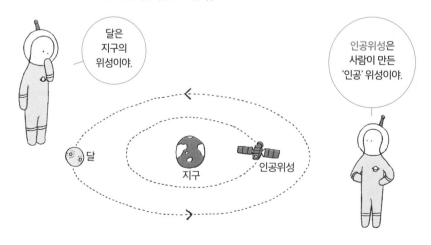

왜성

'작은 별'이라는 뜻을 가진 **왜성**은 크기가 작은 항성을 말한다. 적색 왜성, 갈색 왜성, 백색 왜성 등 몇 가지 종류가 있는데, 제각기 가진 성질이 다르다.

태양

적색 왜성

태양보다 훨씬 가볍고 어두운 항성이지만 태양보다 수명이 훨씬 길지.

갈색 왜성

적색 왜성보다 더 가벼운데, 항성과 행성의 중간 정도의 질량을 가진 별이야.

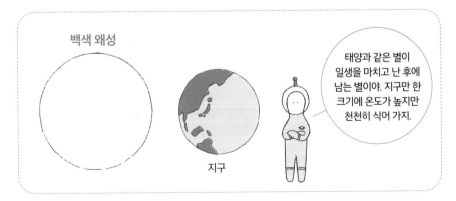

백색 왜성

지구

태양과 같은 별이 일생을 마치고 난 후에 남는 별이야. 지구만 한 크기에 온도가 높지만 천천히 식어 가지.

거성

거성은 거대하고 밝은 별로, 크기(지름)가 태양의 10배에서 100배까지나 된다.
그보다 더 큰 별은 초거성 혹은 극대거성이라고 부른다.

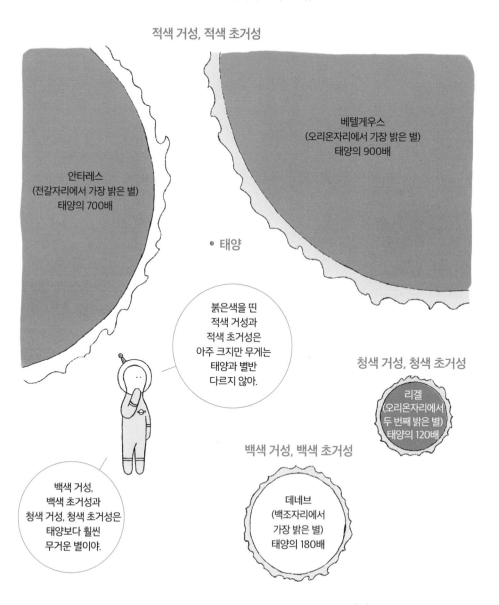

적색 거성, 적색 초거성

베텔게우스
(오리온자리에서 가장 밝은 별)
태양의 900배

안타레스
(전갈자리에서 가장 밝은 별)
태양의 700배

• 태양

붉은색을 띤
적색 거성과
적색 초거성은
아주 크지만 무게는
태양과 별반
다르지 않아.

청색 거성, 청색 초거성

리겔
(오리온자리에서
두 번째 밝은 별)
태양의 120배

백색 거성, 백색 초거성

데네브
(백조자리에서
가장 밝은 별)
태양의 180배

백색 거성,
백색 초거성과
청색 거성, 청색 초거성은
태양보다 훨씬
무거운 별이야.

초신성

초신성(초신성 폭발)이란 무거운 별이 생명을 다하고 최후의 순간에 일으키는 대폭발을 말한다. 태양보다 약 8배 이상 무거운 별이 초신성 폭발을 일으킨다.

'새로운 별'이 탄생한 것처럼 빛나지만, 사실은 별이 죽을 때 쏘아 올리는 불꽃이지.

초신성은 얼마나 밝을까?

우리 은하(199쪽) 안에서 초신성이 등장하면, 보름달의 100배나 되는 밝기로 빛나거나 대낮에 보이기도 한다.

초신성은 태양이 일생 동안(약 100억 년) 내는 모든 에너지에 맞먹는 에너지를 한순간에 방출해.

태양

초신성

초신성은 언제 나타날까?

우리 은하에서는 100년에 한 번꼴로 초신성이 등장한다고 한다. 하지만 최근 400년 동안에는 초신성이 나타나지 않았다.

오리온자리의 베텔게우스가 초신성이 될 수 있다고 하니 앞으로 지켜보자.

신성과 초신성은 무엇이 다를까?

신성(신성 폭발)이란 백색 왜성(159쪽)의 표면에서 폭발이 일어나, 별이 일시적으로 밝게 빛나는 현상을 말한다(161쪽). 신성과 초신성 모두 '새로운 별'의 탄생이 아니다.

백색 왜성 근처에 다른 별이 있을 때 신성 폭발이 일어나.

중성자별

중성자별은 초신성 폭발(22쪽)이 끝난 뒤에 생기는 별로, 아주 작고 무거우며 밀도가 무척 높다. 원자를 구성하는 소립자 중 하나인 중성자로 꽉 채워져 있기 때문에 중성자별이라고 부른다.

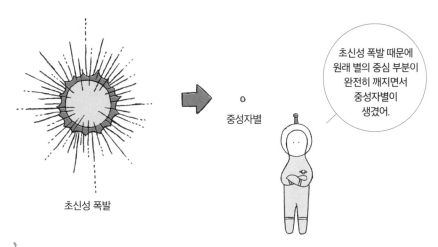

초신성 폭발

중성자별

초신성 폭발 때문에 원래 별의 중심 부분이 완전히 깨지면서 중성자별이 생겼어.

각설탕 한 개만 한 중성자별의 무게는?

초고밀도인 중성자별은 무게가 수억 톤에 달하는 각설탕이라고 생각하면 쉽다. 그래서 태양과 같은 무게인 중성자별이라도 그 크기는 태양의 약 7만분의 1(반지름이 약 10㎞)밖에 되지 않는다.

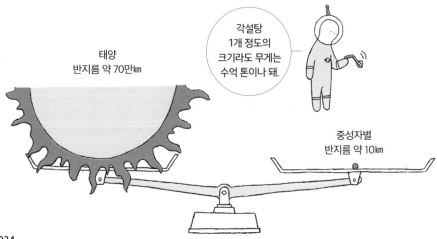

태양
반지름 약 70만km

중성자별
반지름 약 10km

각설탕 1개 정도의 크기라도 무게는 수억 톤이나 돼.

블랙홀

Black hole

블랙홀은 중성자별보다 더 밀도가 높은 별이다. 태양보다 수십 배 이상 무거운 별이 초신성 폭발을 일으키면 블랙홀이 생기는 것으로 추측한다.

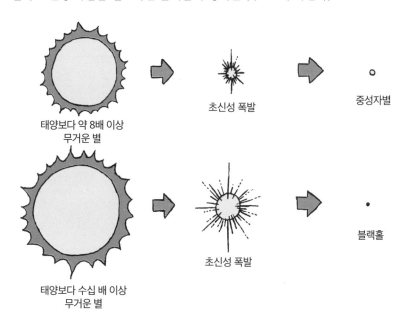

태양보다 약 8배 이상
무거운 별

초신성 폭발

중성자별

태양보다 수십 배 이상
무거운 별

초신성 폭발

블랙홀

블랙홀은 주위에 엄청나게 강한 중력을 미친다. 이 세상에서 제일 빠른 빛마저도 블랙홀의 중력을 거스르지 못하고 안으로 빨려 들어간다. 그래서 블랙홀이 '새카만 암흑'으로 보이는 것이다.

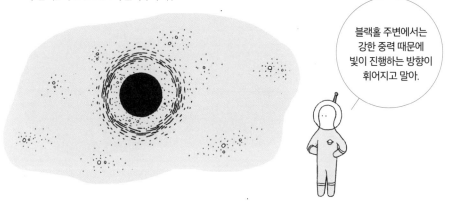

블랙홀 주변에서는
강한 중력 때문에
빛이 진행하는 방향이
휘어지고 말아.

성운

성운은 가스와 먼지로 이루어져 있어 구름처럼 보이는 천체이다. 우주 공간에는 아주 옅은 가스와 먼지(이러한 것을 성간 물질(140쪽)이라고 부른다.)가 떠돌아다니고 있는데, 그중에서 밀도가 높아 구름 같은 부분이 성운이다.

암흑 성운
새카맣게 보이는 성운

발광 성운
밝게 빛나는 성운

성운은 '별의 요람'?

항성은 성운 속에서 탄생한다. 그리고 항성은 수명이 끝나 전부 타 버리고 나면 다시 성운으로 돌아가고, 그 속에서 또 새로운 별이 탄생한다. 성운은 '별의 요람'인 셈이다.

새로운 항성은 별의 재료인 성운 속에서 탄생하는 거야.

※ 옛날에는 '구름처럼 뚜렷하지 않아 하나하나의 별로 분해할 수 없는 천체'를 통틀어서 성운이라고 불렀다. 그중에는 현재 은하(30쪽)로 분류되는 것도 포함되어 있었다. 여기서 설명하는 천체를 지금은 성간운(141쪽)이라고 부른다.

성단

성단이란 우리가 속한 은하계(199쪽)에 있는 항성 집단을 말한다. 성단을 형성하는 항성의 개수는 적으면 수십 개, 많으면 수백만 개까지 이른다.

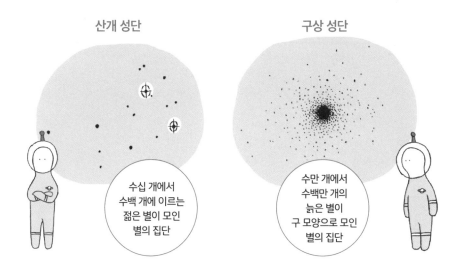

산개 성단

수십 개에서 수백 개에 이르는 젊은 별이 모인 별의 집단

구상 성단

수만 개에서 수백만 개의 늙은 별이 구 모양으로 모인 별의 집단

태양도 옛날에는 성단의 일원이었다?

항성은 성운 속에서 동시에 아주 많이 탄생해서 성단을 형성한 것으로 보인다. 태양은 현재 성단에 속하지 않지만, 옛날에는 형제 별들과 함께 성단을 형성했을지도 모른다.

태양과 함께 태어난 형제 별은 지금 어디에 있을까?

혜성

혜성은 태양의 주위를 도는 작은 천체 중에서, 태양에 가까워지면 '꼬리'를 만들어 내는 것을 말한다. 그런 모습 때문에 '꼬리별'이라고도 부른다.

혜성은 대부분 얇고 긴 타원형 궤도를 그리며 수 년에서 수백 년에 한 번 태양의 곁으로 돌아온다.

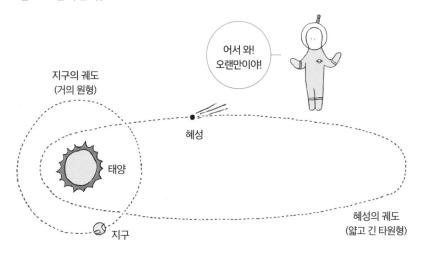

지구의 궤도
(거의 원형)

어서 와!
오랜만이야!

혜성

태양

지구

혜성의 궤도
(얇고 긴 타원형)

혜성의 정체는 '더러운 눈덩이'?

혜성의 본체(핵)는 지름이 수 킬로미터에 이르는 얼음덩어리인데, 암석과 금속 먼지까지 들어 있기 때문에 '더러운 눈덩이'라고도 불린다.

태양과 가까워지면 얼음이 태양열에 녹으면서 그 가스와 먼지가 태양의 반대 방향으로 분출하며 아름다운 꼬리를 그린다.

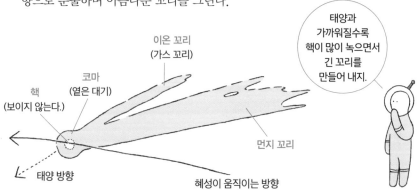

이온 꼬리
(가스 꼬리)

코마
(옅은 대기)

핵
(보이지 않는다.)

태양과
가까워질수록
핵이 많이 녹으면서
긴 꼬리를
만들어 내지.

먼지 꼬리

태양 방향

혜성이 움직이는 방향

유성

유성(**별똥별**)은 주로 혜성이 흩뿌린 티끌이 지구 대기 중으로 들어와 대기와 마찰을 일으키면서 온도가 높아져 밝게 빛나는 현상을 말한다.
유성 중에서도 아주 밝은 것은 **화구**라고 부른다.

유성은 우주 공간의 천체가 아니라 지구 대기 중에서 불타오르는 현상을 말해.

유성우는 혜성이 남긴 선물?

혜성의 궤도 위에는 수없이 많은 티끌이 강처럼 흐르고 있다. 그곳을 지구가 통과할 때 그 티끌들이 대기 중으로 날아 들어와 많은 유성이 탄생한다. 이것이 바로 유성우다.

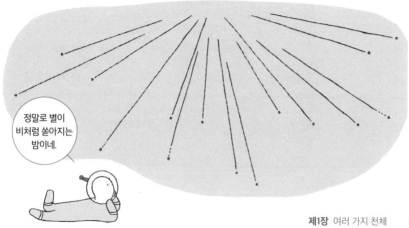

정말로 별이 비처럼 쏟아지는 밤이네.

은하

은하는 수백만 개에서 수천억 개에 달하는 항성이 모인 집단이다. 항성은 우주에
균등하게 흩어져 있는 것이 아니라, 은하라는 무리를 지어서 존재한다.
우주 전체에는 은하가 몇 천억 개나 되는 것으로 짐작하고 있다.

나선 은하

타원 은하

아름다운
나선 모양으로
회오리치는
은하야.

별이 원 혹은
타원 모양으로
모여 있는
은하지.

태양계는
우리 은하라는
'막대 나선
은하(206쪽)'에
속해 있어!

태양계의 위치

은하군

항성이 은하라는 무리를 형성하듯이, 은하도 무리를 만든다.
수 개에서 수십 개 정도의 작은 모임을 **은하군**이라고 부른다.

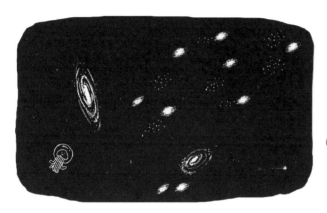

우리 은하는
30개 정도의
은하와 은하군을
형성하고 있지.

은하단

Galaxy cluster

은하가 100개 정도에서 수천 개로 대집단을 이루고 있는 것을 **은하단**이라고 한다.

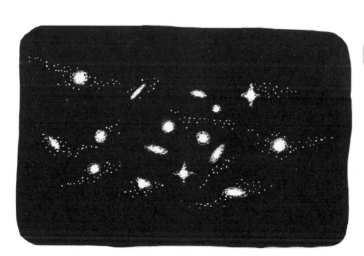

이보다 더
큰 집단 이야기는
다음 기회에
해 줄게.

01

플라톤과 아리스토텔레스

B.C. 427년 ~ B.C. 347년, B.C. 384년 ~ B.C. 322년

소크라테스(Socrates)와 함께 '고대 그리스의 삼대 철학자'로 유명한 이 두 사람은 우주에 대해서도 깊이 고찰했다.

플라톤(Platon)은 '공 모양인 지구가 우주의 중심에 있고, 그 둘레를 달과 태양, 별들이 각기 고유의 천구(56쪽)에 붙어서 돌고 있다.'는 천동설(지구천동설)을 주장했다.

아리스토텔레스(Aristoteles)는 플라톤의 생각을 이어받아 천구를 도는 '부동의 동자'라는 존재를 생각했다.

02

아리스타르코스

B.C. 310년 ~ B.C. 230년경

고대 그리스의 천문학자인 아리스타르코스(Aristarchos)는 독창적인 방법을 이용해서 달과 태양의 크기를 측정하여 태양이 지구보다 훨씬 크다는 사실을 알아냈다.

그리하여 '우주의 중심에는 지구가 아니라 태양이 있을지도 모른다.'라고 생각했다. 이처럼 코페르니쿠스(Copernicus)보다 무려 1800년이나 앞서 지동설을 제창했다고 하여 '고대의 코페르니쿠스'라고 부르기도 한다.

제 2 장

태양과
달과 지구

태양

태양은 지구와 가장 가까운 항성이며, 주로 수소와 헬륨으로 이루어진 거대한 가스 덩어리이다. 태양은 항성치고는 너무 크지도 작지도 않은 '표준적인 항성'이라고 할 수 있다.

태양의 크기와 무게, 표면 온도

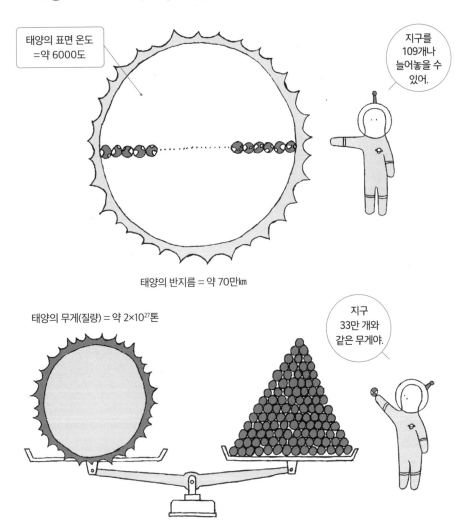

태양의 표면 온도
=약 6000도

지구를 109개나 늘어놓을 수 있어.

태양의 반지름 = 약 70만km

태양의 무게(질량) = 약 2×10^{27}톤

지구 33만 개와 같은 무게야.

태양도 자전한다?

극 부근
약 32일에
한 번 회전

적도 부근
약 27일에
한 번 회전

태양은 가스로
이루어져 있기 때문에
위치에 따라
자전 속도가
달라.

태양과 지구는 얼마나 떨어져 있을까?

지구는 태양의 둘레를 1년에 한 번 주기로 회전(공전)하고 있다. 지구와 태양의 평균 거리는 약 1억 4960만km인데, 이것을 '1천문단위(72쪽)'라고 한다.

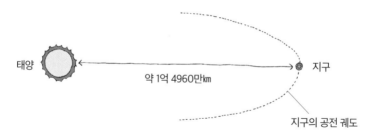

태양

약 1억 4960만km

지구

지구의 공전 궤도

태양이 내뿜는 에너지는 어느 정도나 될까?

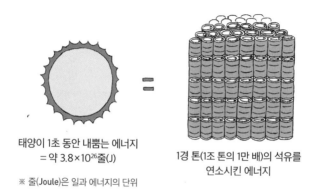

태양이 1초 동안 내뿜는 에너지
= 약 3.8×10^{26}줄(J)

※ 줄(Joule)은 일과 에너지의 단위

1경 톤(1조 톤의 1만 배)의 석유를
연소시킨 에너지

광구

광구는 태양과 같이 밝게 빛나는 항성의 표면을 말한다. 가스로 이루어진 태양은 뚜렷한 표면이 없지만, 빛이 거의 그대로 통과할 수 있는 부분을 태양의 표면으로 보고 그것을 광구라고 부른다.

태양의 표면은 어떤 모습일까?

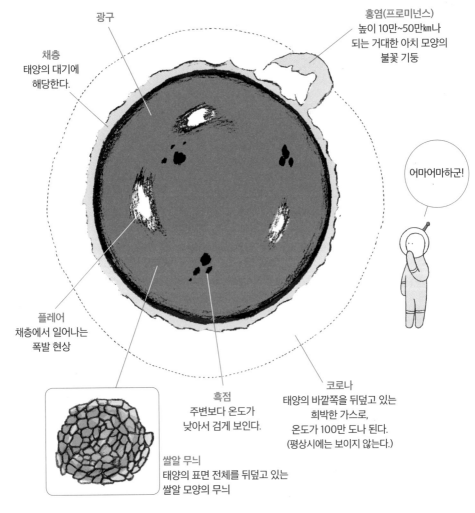

광구

채층
태양의 대기에
해당한다.

홍염(프로미넌스)
높이 10만~50만㎞나
되는 거대한 아치 모양의
불꽃 기둥

어마어마하군!

플레어
채층에서 일어나는
폭발 현상

쌀알 무늬
태양의 표면 전체를 뒤덮고 있는
쌀알 모양의 무늬

흑점
주변보다 온도가
낮아서 검게 보인다.

코로나
태양의 바깥쪽을 뒤덮고 있는
희박한 가스로,
온도가 100만 도나 된다.
(평상시에는 보이지 않는다.)

흑점

흑점은 태양 표면에 보이는 검은 반점 같은 것이다. 주변보다 온도가 1000~2000도 정도 낮기 때문에 검게 보이는데, 실제로는 빛나고 있다. 흑점은 자기장이 강한 부분으로 알려져 있다.

큰 흑점은 지구보다도 커.

흑점의 수는 태양의 활동과 관련 있다?

흑점은 약 11년 주기로 늘어나거나 줄어든다. 흑점이 많을 때는 태양 표면의 활동이 활발해져서 플레어가 곳곳에서 발생하는데, 반대로 흑점이 적을 때는 태양 표면의 활동이 잠잠해진다.

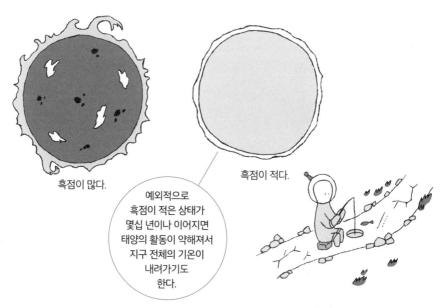

흑점이 많다.

흑점이 적다.

예외적으로 흑점이 적은 상태가 몇십 년이나 이어지면 태양의 활동이 약해져서 지구 전체의 기온이 내려가기도 한다.

플레어

플레어는 항성의 표면에서 일어나는 폭발 현상이다. 태양에서 일어나는 것은 태양 플레어 혹은 **태양면 폭발**이라고 부른다. 태양 플레어는 태양계에서 가장 큰 폭발이다. 흑점이 많은 때일수록 대규모 플레어가 발생한다.

폭발의 위력은 수소 폭탄의 10만 개에서 1억 개와 맞먹을 정도야.

플레어가 오로라나 자기 폭풍을 발생시킨다?

플레어 때문에 강력한 X선 등의 방사선이나 높은 에너지를 지닌 하전 입자(전기를 띤 입자)가 방출된다. 이러한 것들이 지구에 오면 낮은 위도에서도 **오로라**를 볼 수 있고, **자기 폭풍** 때문에 통신 장애가 발생하기도 한다.

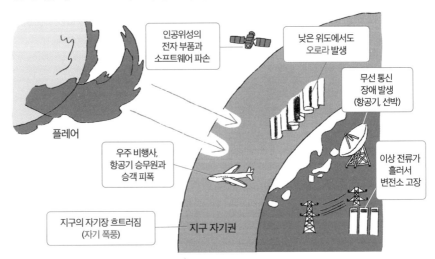

인공위성의 전자 부품과 소프트웨어 파손

낮은 위도에서도 오로라 발생

무선 통신 장애 발생 (항공기, 선박)

플레어

우주 비행사, 항공기 승무원과 승객 피폭

이상 전류가 흘러서 변전소 고장

지구의 자기장 흐트러짐 (자기 폭풍)

지구 자기권

슈퍼플레어가 지구를 덮친다?

태양에서 일어나는 대규모 플레어보다 100~1000배 정도 위력이 강한 것을 슈퍼플레어라고 한다. 슈퍼플레어는 태양에서 수천 년에 한 번 꼴로 일어난다.

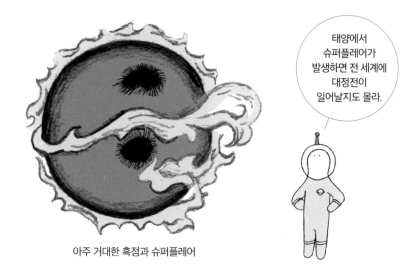

아주 거대한 흑점과 슈퍼플레어

'우주 날씨 예보'로 플레어의 발생을 예측한다?

태양을 관측하는 인공위성과 전 세계의 천문대가, 태양의 활동을 관측해서 대규모 플레어가 발생할 경우에 대비해 경보를 보내는 우주 날씨 예보 시스템을 준비하고 있다.

핵융합

태양과 같은 항성은 **핵융합**을 통해 엄청난 에너지를 만들어 낸다. 핵융합은 태양의 중심에 있는 **중심핵**에서 일어나며, 이렇게 만들어진 에너지는 빛과 열이 되어 외부로 이동한다.

태양의 내부 모습

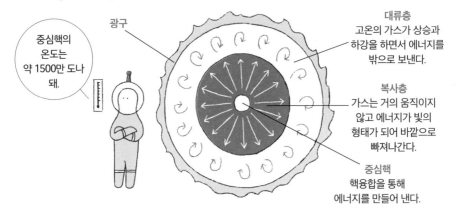

중심핵의 온도는 약 1500만 도나 돼.

광구

대류층
고온의 가스가 상승과 하강을 하면서 에너지를 밖으로 보낸다.

복사층
가스는 거의 움직이지 않고 에너지가 빛의 형태가 되어 바깥으로 빠져나간다.

중심핵
핵융합을 통해 에너지를 만들어 낸다.

핵융합을 하면 왜 에너지가 생길까?

태양의 중심핵에서 4개의 수소 원자핵(양성자)이 1개의 헬륨 원자핵을 만든다. 그 과정에서 질량이 아주 조금 줄어들고 그 대신 엄청난 에너지가 발생한다. 이 것은 '질량(물질)에서 에너지를 빼낼 수 있다.'라고 주장하는 **상대성 이론**(272쪽)을 근거로 하고 있다.

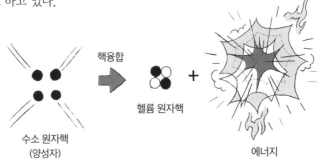

핵융합

수소 원자핵
(양성자)

헬륨 원자핵

+

에너지

※ 사실 4개의 수소 원자핵이 갑자기 1개의 헬륨 원자핵을 만드는 것이 아니라, 실제 반응 과정은 훨씬 복잡하다.
※ 헬륨 원자핵뿐 아니라 양전자(262쪽)와 뉴트리노(261쪽)라는 소립자도 동시에 만든다.

태양풍

태양에서는 빛뿐 아니라 높은 에너지를 지닌 양성자와 전자 등이 매초 약 100만 톤이나 뿜어져 나와 어마어마한 속도로 우주 공간을 날아다니고 있다. 이를 **태양풍**이라고 부른다. 태양에서 시작된 태양풍은 불과 며칠 만에 지구까지 도달하고, 그대로 태양계의 끝까지 날아간다.

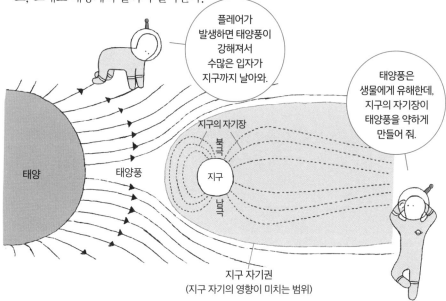

플레어가 발생하면 태양풍이 강해져서 수많은 입자가 지구까지 날아와.

태양풍은 생물에게 유해한데, 지구의 자기장이 태양풍을 약하게 만들어 줘.

지구의 자기장

북극

지구

남극

태양

태양풍

지구 자기권
(지구 자기의 영향이 미치는 범위)

오로라는 어떻게 빛날까?

태양풍 입자 중 일부는 지구 자기력선의 영향을 받아 지구의 북극과 남극으로 향하고, 그곳에서 지구 대기에 진입한다. 그러는 과정에서 대기 중의 산소, 질소와 부딪치면 빨간색과 녹색 등으로 빛난다. 이것이 바로 **오로라**다.

아름다워!

개기 일식

일식은 태양이 달에 가려지는 현상이다. 태양이 달에 완전히 가려지는 것을 개기 일식, 태양의 일부만 가려지고 끝나는 것을 부분 일식이라고 부른다.

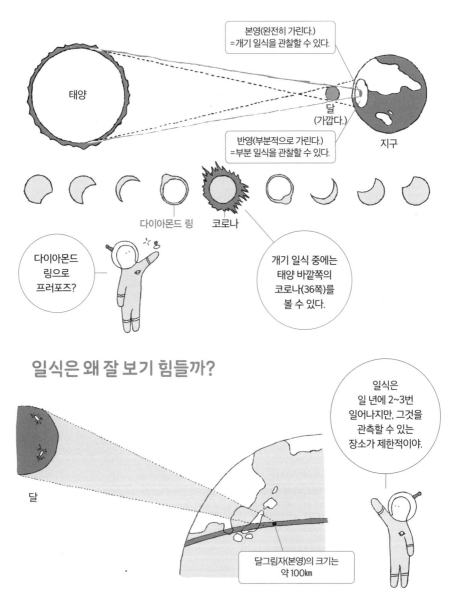

본영(완전히 가린다.)
=개기 일식을 관찰할 수 있다.

태양

달
(가깝다.)

지구

반영(부분적으로 가린다.)
=부분 일식을 관찰할 수 있다.

다이아몬드 링

코로나

다이아몬드 링으로 프러포즈?

개기 일식 중에는 태양 바깥쪽의 코로나(36쪽)를 볼 수 있다.

일식은 왜 잘 보기 힘들까?

일식은 일 년에 2~3번 일어나지만, 그것을 관측할 수 있는 장소가 제한적이야.

달

달그림자(본영)의 크기는 약 100km

금환식

달의 겉보기 크기가 태양보다 조금 작으면 달이 태양 전체를 다 가리지 못하고 태양의 둘레가 남아 마치 반지처럼 빛나는 **금환식**이 일어난다.

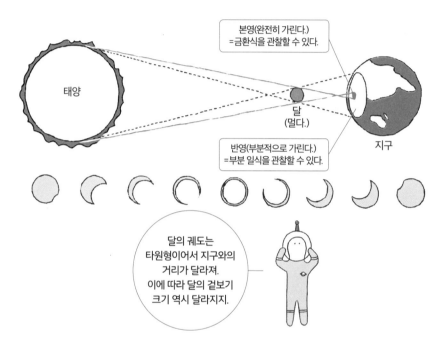

본영(완전히 가린다.)
=금환식을 관찰할 수 있다.

태양

달
(멀다.)

지구

반영(부분적으로 가린다.)
=부분 일식을 관찰할 수 있다.

달의 궤도는 타원형이어서 지구와의 거리가 달라져. 이에 따라 달의 겉보기 크기 역시 달라지지.

일본에서 다음에 볼 수 있는 일식은 언제일까?

절대 놓치지 말자!

※ 우리나라도 일부 지역에서 같은 날 관찰이 가능하다.
2035년 개기 일식은 평양을 지난다.

2030년 6월 1일
금환식

2041년 10월 25일
금환식

2035년 9월 2일
개기 일식

달

달은 지구의 주위를 도는 위성(19쪽)이다. 달의 크기는 지구의 약 4분의 1이나 된다. 태양계의 다른 행성과 비교하면 지구는 어울리지 않을 만큼 큰 위성을 가지고 있는 셈이다.

지구와 달의 크기 비교

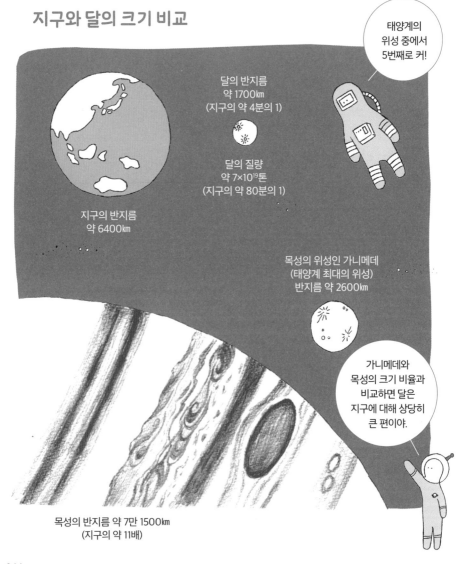

태양계의 위성 중에서 5번째로 커!

달의 반지름
약 1700km
(지구의 약 4분의 1)

달의 질량
약 7×10¹⁹톤
(지구의 약 80분의 1)

지구의 반지름
약 6400km

목성의 위성인 가니메데
(태양계 최대의 위성)
반지름 약 2600km

가니메데와 목성의 크기 비율과 비교하면 달은 지구에 대해 상당히 큰 편이야.

목성의 반지름 약 7만 1500km
(지구의 약 11배)

지구와 달의 거리는 수시로 바뀐다?

달과 지구의 평균 거리는 약 38만km이다. 그런데 달의 공전 궤도는 완전히 동그란 원이 아니라 타원이다. 지구에서 가장 멀 때에는 약 40만km나 된다.

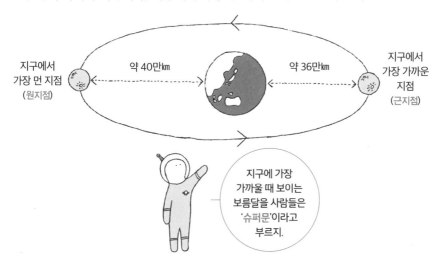

지구에서
가장 먼 지점
(원지점)

약 40만km

약 36만km

지구에서
가장 가까운
지점
(근지점)

지구에 가장
가까울 때 보이는
보름달을 사람들은
'슈퍼문'이라고
부르지.

달이 지구에 늘 같은 면을 보이는 이유는?

지구에서 보면 달은 늘 같은 면(토끼 모양이 보이는 면)만 보인다. 그 이유는 달이 약 27일에 한 번 공전하는 동안 정확히 한 번 자전하기 때문이다. 지구에서 보이는 달의 표면을 달의 앞면이라고 부른다. 다만 달이 회전하면서 회전축이 변하기 때문에(달의 칭동이라고 한다.), 지구에서 달 표면의 약 60퍼센트를 볼 수 있다.

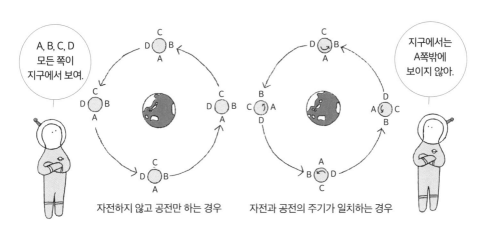

A, B, C, D
모든 쪽이
지구에서 보여.

지구에서는
A쪽밖에
보이지 않아.

자전하지 않고 공전만 하는 경우

자전과 공전의 주기가 일치하는 경우

고지

고지는 달 표면에서 크레이터(47쪽)가 많고, 하얗게 보이는 험준한 지형이다. 하얗고 가벼운 **사장암**으로 이루어져 있다.

달의 바다

달의 바다는 크레이터가 적고, 어둡게 보이며 평평한 지형이다. 이름은 바다이지만 실제로 물이 존재하는 것은 아니다. '대양', '호수', '만' 등은 크기와 형태가 다를 뿐이지 바다와 똑같다. 검고 무거운 **현무암**으로 이루어져 있다.

달의 앞면에서 눈에 띄는 바다와 크레이터

한국에서는 바다 부분의 모양을 떡방아 찧는 토끼로 보는데, 여자의 옆얼굴 또는 게 등으로 보는 나라도 있다.

추위의 바다

비의 바다

폭풍의 대양

맑음의 바다

위난의 바다

고요의 바다

습기의 바다

구름의 바다

감로주의 바다

풍요의 바다

티코 크레이터

크레이터의 이름은 유명한 천문학자의 이름을 따온 게 많아.

고요의 바다는 인류가 최초로 착륙한 달 표면이야.

크레이터

크레이터는 천체가 충돌하면서 생긴, 둥글게 움푹 파인 지형이다. 달의 크레이터는 운석(104쪽) 등이 달의 표면에 부딪쳐서 생긴 것으로 짐작한다. 달에는 대기가 없어서 운석이 많이 부딪치고, 또 비와 바람에 풍화될 일이 없고 지각변동이 일어나 사라질 일도 없기 때문에 아주 많은 크레이터가 그대로 남아 있다.

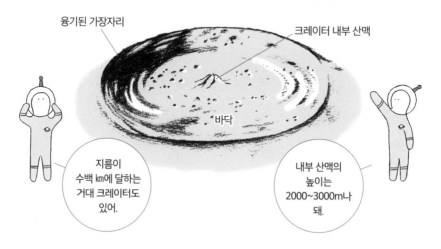

융기된 가장자리

크레이터 내부 산맥

바닥

지름이 수백 ㎞에 달하는 거대 크레이터도 있어.

내부 산맥의 높이는 2000~3000m나 돼.

수직 구멍

수직 구멍은 달 표면에 뚫린 지름 50m가 넘는 거대 구멍으로 그 깊이도 수십 미터나 된다. 일본의 달 탐사 위성 가구야(64쪽)의 카메라가 최초로 영상을 담으면서 발견되었다.

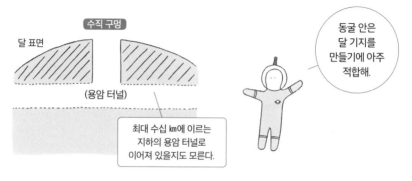

수직 구멍

달 표면

(용암 터널)

최대 수십 ㎞에 이르는 지하의 용암 터널로 이어져 있을지도 모른다.

동굴 안은 달 기지를 만들기에 아주 적합해.

달의 뒷면

달의 뒷면은 지구에서 보이지 않는 달의 나머지 반구면이다. 탐사 위성이 달의 뒷면을 관측할 때까지, 인류는 달의 뒷면이 어떻게 생겼는지 전혀 알지 못했다. 달의 뒷면은 앞면과는 아주 다르게 바다가 거의 없고 새하얗다.

달의 뒷면에서 눈에 띄는 바다와 크레이터

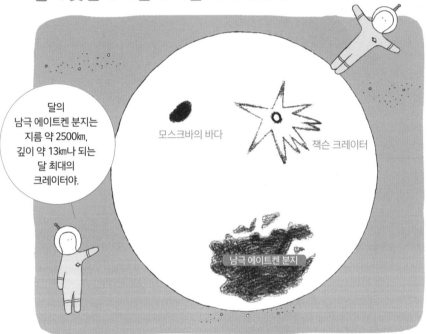

달의 남극 에이트켄 분지는 지름 약 2500㎞, 깊이 약 13㎞나 되는 달 최대의 크레이터야.

모스크바의 바다

잭슨 크레이터

남극 에이트켄 분지

달의 뒷면에 천문대를?

달의 뒷면에서는 지구에서 보내는 빛과 전파가 완전히 차단된다. 게다가 달에는 망원경의 가장 큰 적인 대기가 없다. 그래서 달의 뒷면은 천체 관측에 가장 적합한 곳이다.

기조력

기조력(조석력)은 바다의 '조수 간만의 차'를 일으키는 원인이 되는 힘이다. 조수 간만의 차는 지구에 미치는 달의 인력(중력)이 달과 가까운 쪽은 커지고 달과 먼 쪽은 작아지기 때문에, 그리고 지구가 달의 중력에 의해 '흔들리면서' 원심력이 작용하기 때문에 일어난다.

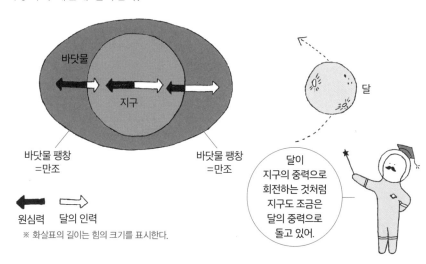

바닷물

지구

바닷물 팽창
=만조

바닷물 팽창
=만조

달

달이 지구의 중력으로 회전하는 것처럼 지구도 조금은 달의 중력으로 돌고 있어.

⬅ 원심력　▷ 달의 인력

※ 화살표의 길이는 힘의 크기를 표시한다.

기조력 때문에 달이 지구에서 멀어진다?

조수간만의 차이 때문에 바닷물이 이동하면 해저와의 사이에 마찰이 일어나 지구의 자전에 제동이 걸리고, 지구의 자전 속도가 느려진다(10만 년에 1초 정도). 그러면 달의 공전 반경이 커지면서 달이 지구로부터 멀어진다. 달은 매년 2~3㎝씩, 지구로부터 멀어지고 있다.

팔을 활짝 펼치면
스핀 속도가 느려진다.

팔을 몸쪽으로 오므리면
스핀 속도가 빨라진다.

피겨 스케이팅의 스핀과 같은 원리로 지구의 자전이 느려지면 달의 공전 반경이 커져.

달의 위상

달은 스스로 빛을 내지 못하고 태양 빛을 받아 빛난다. 달은 지구의 주위를 공전하고 있기 때문에 지구에서 달을 보면 달이 태양 빛을 받아 빛나는 부분이 시시각각 다르게 보인다. 이를 달의 위상이라고 한다.

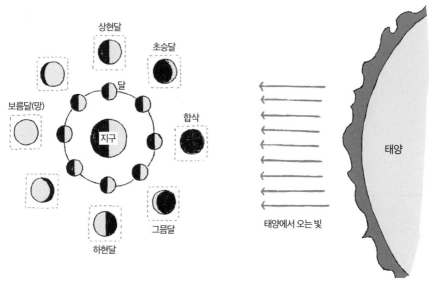

달의 어두운 부분이 어렴풋이 보인다?

달의 어두운 부분이 어렴풋이 보일 때가 있다. 지구가 태양빛을 반사해서 그 빛이 달에 닿기 때문인데, 이를 지구조라고 부른다.

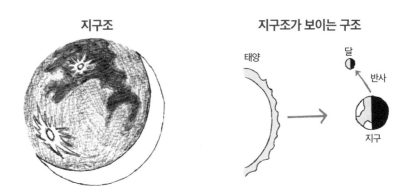

월식

월식은 달이 지구 그림자에 가려지는 현상이다. 달이 지구 그림자에 완전히 가려지는 개기 월식과 달의 일부만 가려지는 부분 월식이 있다.

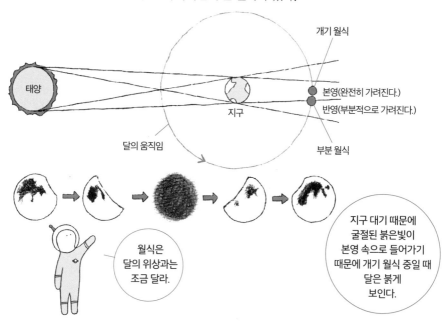

보름달일 때마다 월식이 일어나지 않는 이유는?

월식이 일어날 때, 지구에서 보면 달은 '보름달'의 위치에 있다. 그런데 달의 공전 궤도는 지구 공전 궤도(지구가 태양의 주위를 도는 궤도)에 대해 약 5도 기울어져 있기 때문에 보름달일 때에도 달은 지구 그림자가 미치는 곳으로부터 살짝 빗나가 있는 경우가 많다. 달의 공전 궤도와 지구의 공전 궤도가 완전히 겹칠 때에만 월식이 일어난다.

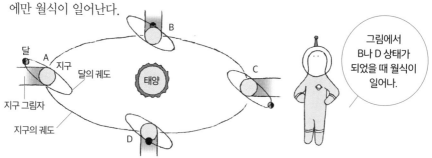

지구

우리가 사는 **지구**는 태양으로부터 1천문단위(72쪽, 약 1억 5000만km) 떨어진 곳에 있다. 태양에 세 번째로 가까운 행성(태양계 제3행성)이다.

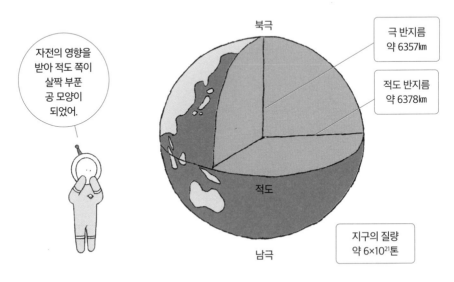

북극

자전의 영향을 받아 적도 쪽이 살짝 부푼 공 모양이 되었어.

극 반지름
약 6357km

적도 반지름
약 6378km

적도

지구의 질량
약 6×10²¹톤

남극

지구의 내부는 어떻게 생겼을까?

지구의 내부는 중심부터 핵(코어), 맨틀, 지각으로 3층 구조를 형성하고 있다.

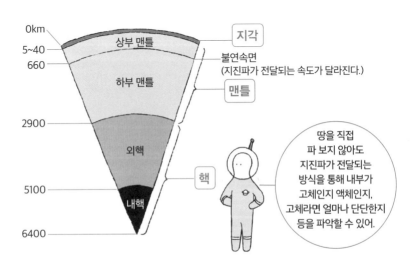

0km
5~40
660

2900

5100

6400

상부 맨틀

하부 맨틀

외핵

내핵

지각

불연속면
(지진파가 전달되는 속도가 달라진다.)

맨틀

핵

땅을 직접 파 보지 않아도 지진파가 전달되는 방식을 통해 내부가 고체인지 액체인지, 고체라면 얼마나 단단한지 등을 파악할 수 있어.

자전

지구는 **지축**을 중심으로 하여 동쪽으로 회전하고 있다. 이를 지구의 **자전**이라고 부른다. 지구의 **자전 주기**는 8만 6,164초(23시간 56분 4초)이다.

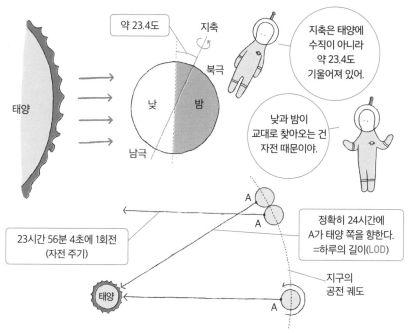

약 23.4도

지축

지축은 태양에 수직이 아니라 약 23.4도 기울어져 있어.

북극

태양

낮   밤

낮과 밤이 교대로 찾아오는 건 자전 때문이야.

남극

23시간 56분 4초에 1회전 (자전 주기)

정확히 24시간에 A가 태양 쪽을 향한다. =하루의 길이(LOD)

지구의 공전 궤도

태양

'윤초'는 왜 들어갈까?

지구의 자전 속도는 사실 일정하지 않다. 그래서 지구의 자전에 의한 '하루'와 원자 시계(무척 정확한 시계)로 측정한 '하루'에 큰 차이가 났을 때 윤초를 넣어 조정한다.

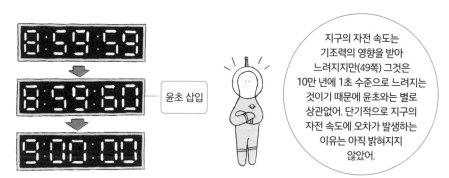

윤초 삽입

지구의 자전 속도는 기조력의 영향을 받아 느려지지만(49쪽) 그것은 10만 년에 1초 수준으로 느려지는 것이기 때문에 윤초와는 별로 상관없어. 단기적으로 지구의 자전 속도에 오차가 발생하는 이유는 아직 밝혀지지 않았어.

공전

지구는 태양의 주위를 1년 동안 한 바퀴 돈다. 이를 **공전**이라고 하는데, 지구의 공전 속도는 초속 약 30km(시속 약 11만㎞)이다.

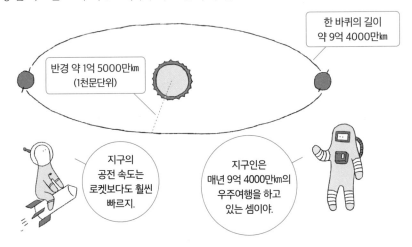

한 바퀴의 길이
약 9억 4000만km

반경 약 1억 5000만km
(1천문단위)

지구의
공전 속도는
로켓보다도 훨씬
빠르지.

지구인은
매년 9억 4000만㎞의
우주여행을 하고
있는 셈이야.

계절 변화는 왜 일어날까?

지구의 지축은 공전면에 대해 기울어져 있기 때문에(53쪽) 시기에 따라 태양의 고도가 달라진다. 그로 인해 계절 변화가 생긴다.

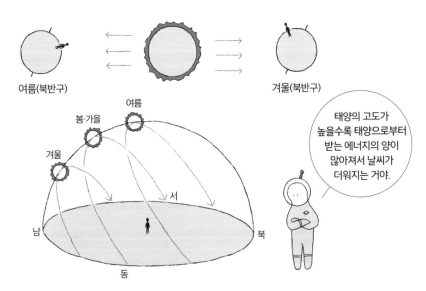

여름(북반구)

겨울(북반구)

태양의 고도가
높을수록 태양으로부터
받는 에너지의 양이
많아져서 날씨가
더워지는 거야.

여름

봄·가을

겨울

서

남

북

동

근일점

지구의 공전 궤도는 완전히 동그란 원이 아니라 타원 모양이기 때문에 태양과의 거리가 달라진다. 공전 궤도 상에서 태양과 가장 가까워지는 점을 **근일점**, 태양으로부터 가장 멀리 떨어지는 점을 **원일점**이라고 부른다.

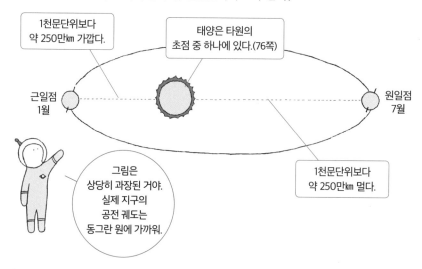

1천문단위보다 약 250만km 가깝다.

태양은 타원의 초점 중 하나에 있다.(76쪽)

근일점 1월

원일점 7월

그림은 상당히 과장된 거야. 실제 지구의 공전 궤도는 동그란 원에 가까워.

1천문단위보다 약 250만km 멀다.

근일점일 때 여름이 아닌 이유는?

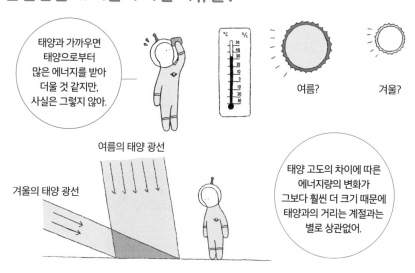

태양과 가까우면 태양으로부터 많은 에너지를 받아 더울 것 같지만, 사실은 그렇지 않아.

여름?

겨울?

여름의 태양 광선

겨울의 태양 광선

태양 고도의 차이에 따른 에너지량의 변화가 그보다 훨씬 더 크기 때문에 태양과의 거리는 계절과는 별로 상관없어.

황도

황도란 천구에서 태양이 지나는 경로를 말한다. 지구는 태양의 주위를 공전하고 있지만, 지구에서 보면 태양이 1년 동안 다른 별들 사이를 이동하고 있는 것처럼 보인다(실제로는 태양 빛 때문에 다른 별들은 보이지 않지만). 이 길이 바로 황도이다.

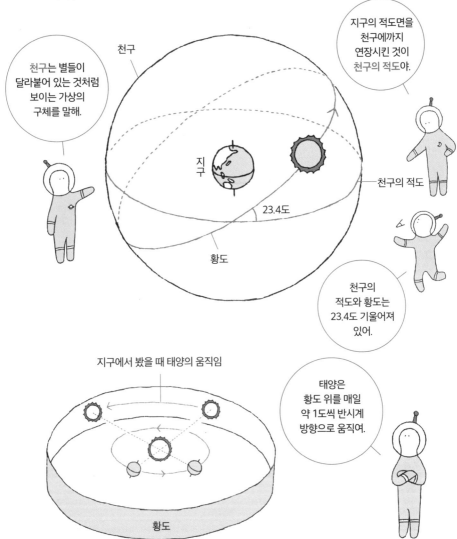

지구의 적도면을 천구에까지 연장시킨 것이 천구의 적도야.

천구는 별들이 달라붙어 있는 것처럼 보이는 가상의 구체를 말해.

천구

지구

천구의 적도

23.4도

황도

천구의 적도와 황도는 23.4도 기울어져 있어.

지구에서 봤을 때 태양의 움직임

태양은 황도 위를 매일 약 1도씩 반시계 방향으로 움직여.

황도

춘분점

황도와 천구의 적도가 만나는 점을 춘분점과 추분점이라고 한다.
태양이 각각의 점을 통과하는 순간이 춘분과 추분이다.

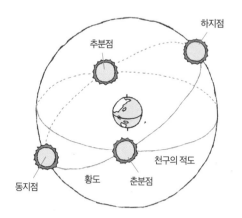

춘분에는 왜 낮과 밤의 길이가 같을까?

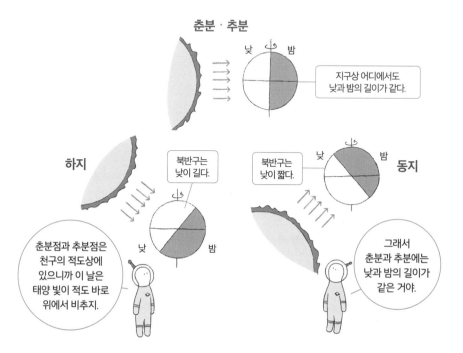

남중

남중이란 태양과 달 등의 천체가 정남 쪽에 오는 것을 의미한다. 정중 혹은 자오선 통과라고도 부른다. 남중했을 때에는 천체의 고도가 하루 중에 가장 높다.

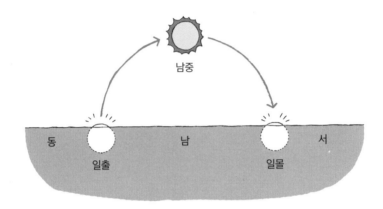

남반구에서는 '북중'이 된다?

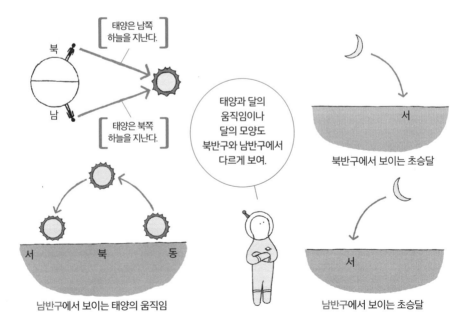

태양은 남쪽 하늘을 지난다.

태양은 북쪽 하늘을 지난다.

태양과 달의 움직임이나 달의 모양도 북반구와 남반구에서 다르게 보여.

북반구에서 보이는 초승달

남반구에서 보이는 태양의 움직임

남반구에서 보이는 초승달

하지

북반구에서 하지가 되면 남중의 태양 고도가 가장 높아서 낮의 길이가 1년 중에서 제일 길어진다. 반대로 동지가 되면 북반구에서는 남중 때의 태양 고도가 제일 낮아서 낮의 길이가 1년 중 가장 짧아진다.

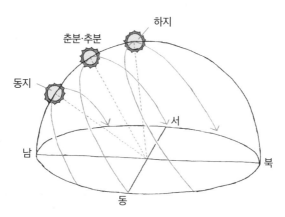

하지는 '일출이 가장 빠른 날'이 아니다?

일출이 가장 빠른 날은 하지가 되기 일주일 정도 앞이고, 일몰이 가장 늦은 날은 하지보다 일주일 정도 뒤이다. 또, 일출이 제일 늦은 날은 동지보다 보름 정도 뒤이고, 일몰이 가장 빠른 날은 동지보다 보름 정도 앞이다.

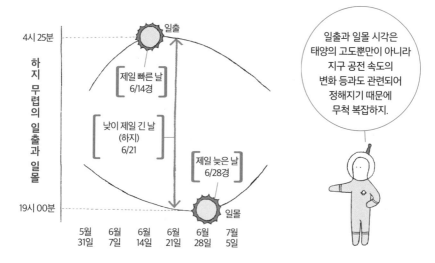

원시 태양

원시 태양은 하나의 온전한 별이 되기 전 단계인 '아기 태양'을 말한다.
지금으로부터 약 46억 년 전, 우주를 떠돌던 가스와 티끌 구름(성간운, 141쪽) 속에서 특히 짙은 부분이, 근처에서 일어난 초신성 폭발(22쪽)로 압축되어 수축을 시작했다. 그러다가 이윽고 원시 태양이 되었고 마침내 태양이 된 것이다.

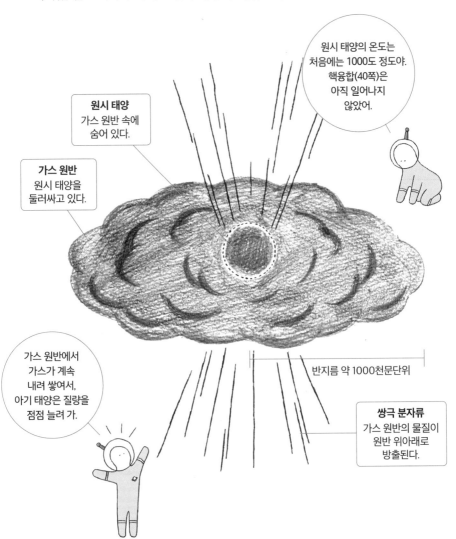

원시 태양의 온도는 처음에는 1000도 정도야. 핵융합(40쪽)은 아직 일어나지 않았어.

원시 태양
가스 원반 속에 숨어 있다.

가스 원반
원시 태양을 둘러싸고 있다.

가스 원반에서 가스가 계속 내려 쌓여서, 아기 태양은 질량을 점점 늘려 가.

반지름 약 1000천문단위

쌍극 분자류
가스 원반의 물질이 원반 위아래로 방출된다.

'아기 태양'이 '어른 별'이 되기까지

가스와 티끌 구름이 수축을 시작해서 아기 태양(원시 태양)이 태어나 성장하고, 핵융합을 하는 어른 별(주계열성, 150쪽)이 되기까지 1억 년 정도 걸리는 것으로 추측하고 있다.

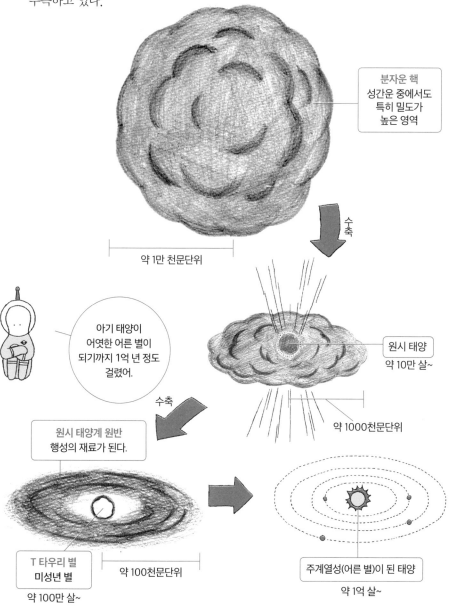

분자운 핵
성간운 중에서도
특히 밀도가
높은 영역

약 1만 천문단위

수축

아기 태양이
어엿한 어른 별이
되기까지 1억 년 정도
걸렸어.

원시 태양
약 10만 살~

약 1000천문단위

수축

원시 태양계 원반
행성의 재료가 된다.

T 타우리 별
미성년 별
약 100만 살~

약 100천문단위

주계열성(어른 별)이 된 태양
약 1억 살~

거대 충돌

달이 어떻게 탄생했는지는 아직 완전히 밝혀지지 않았다. 여러 가지 가설 중 가장 유력한 것은 지구 형성 초기에 화성 크기의 원시 행성(112쪽)이 충돌하면서 우주에 흩어진 파편들이 다시 모여 달이 되었다는 '거대 충돌설'이다.

달의 기원을 둘러싼 여러 가지 가설

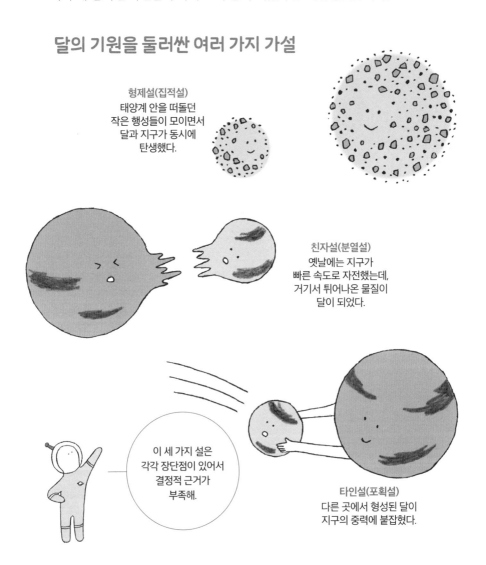

형제설(집적설)
태양계 안을 떠돌던
작은 행성들이 모이면서
달과 지구가 동시에
탄생했다.

친자설(분열설)
옛날에는 지구가
빠른 속도로 자전했는데,
거기서 튀어나온 물질이
달이 되었다.

이 세 가지 설은
각각 장단점이 있어서
결정적 근거가
부족해.

타인설(포획설)
다른 곳에서 형성된 달이
지구의 중력에 붙잡혔다.

달은 겨우 한 달 만에 탄생했다?

컴퓨터 시뮬레이션 결과, 거대 충돌이 일어나 산산이 흩어진 암석들이 다시 모여 달이 되기까지 약 한 달에서 1년이라는 짧은 기간이 걸렸다고 한다.

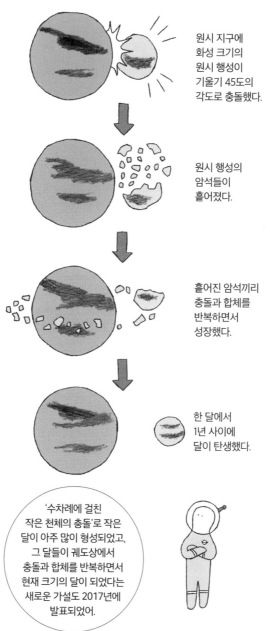

원시 지구에 화성 크기의 원시 행성이 기울기 45도의 각도로 충돌했다.

원시 행성의 암석들이 흩어졌다.

흩어진 암석끼리 충돌과 합체를 반복하면서 성장했다.

한 달에서 1년 사이에 달이 탄생했다.

'수차례에 걸친 작은 천체의 충돌'로 작은 달이 아주 많이 형성되었고, 그 달들이 궤도상에서 충돌과 합체를 반복하면서 현재 크기의 달이 되었다는 새로운 가설도 2017년에 발표되었어.

셀레네

'셀레네'는 일본 JAXA(일본우주항공연구개발기구)가 2007년 9월에 쏘아 올린 달 탐사 위성이다. 셀레네는 약 1년 반에 걸쳐 달을 대략 6,500회 돌면서 14종류의 장치를 사용하여, 미국의 아폴로 계획 이래 최대 규모의 본격적인 달 탐사에 나섰다.

셀레네의 탐사 활동으로 밝혀진 사실은?

셀레네는 레이저 고도계를 사용해서 달 전체의 정확한 지형도를 그려 냈다. 이 지형도는 그 후 달 탐사선의 착륙 지점, 달 기지 후보 장소 선정에 중요한 역할을 하게 되었다. 또, 셀레네는 달의 앞면과 뒷면의 중력 강도가 다르다는 사실, 달 뒷면의 일부는 원래 예상보다 더 최근까지도 마그마 활동을 했었다는 사실 등을 밝혀냈다. 이러한 사실들은 달의 탄생과 진화 역사에 관한 새로운 지식을 가져다주었다. 달의 수직 구멍(47쪽)을 발견한 것 역시 커다란 성과이다.

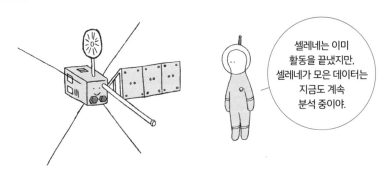

셀레네는 이미 활동을 끝냈지만, 셀레네가 모은 데이터는 지금도 계속 분석 중이야.

슬림

슬림(SLIM, Smart Lander for Investigating Moon)은 JAXA가 계획한 소형 달 착륙 탐사선이다. 장차 달이나 행성을 탐사할 때 원하는 장소에 정확하게 착륙하는 '핀 포인트 착륙' 기술의 개발을 목표로 삼고 있으며, 2020년에 발사할 계획이다.

앞으로 달 탐사와 개발은 어떻게 될까?

현재 세계 각국은 앞다투어 달 탐사에 뛰어들고 있다. 그중에서도 중국은 2013년에 미국, 구소련의 뒤를 이어 세계에서 3번째로 무인 탐사선의 달 착륙 성공 등 달 탐사에 적극적으로 나서는 중이다. 미국 역시 달 궤도에 우주 정거장 '딥 스페이스 게이트웨이(DSG, Deep Space Gateway)'를 건설하여, 장차 유인 화성 탐사의 중간 기지로 삼겠다는 구상을 발표했다. 이 구상에는 일본도 참여했는데, JAXA는 일본인 비행사의 달 착륙을 목표로 삼겠다고 뜻을 밝혔다. 한국은 KARI(한국항공우주연구원)가 주관으로 자력 달 탐사 계획을 추진하고 있으며, 2016년 12월에는 NASA와 달 탐사 협력 약정을 체결하였다. 그외 민간단체의 달 로봇 탐사 경연 대회인 'Google Lunar XPrize'도 현재 진행되고 있다. 어쩌면 '달에 사람들이 북적북적 생활하는 시대'가 생각보다 빨리 열릴지도 모르겠다.

03

프톨레마이오스 (별칭 : 톨레미)

83년경 ~ 168년경

고대 로마 시대에 이집트 알렉산드리아에서 활약한 프톨레마이오스(Ptolemaeos)는 정밀한 천체 관측을 했고, 지구를 중심으로 태양, 달, 혹성의 운행을 계산하여 천동설을 바탕으로 한 천문학의 체계를 세웠다. 그 내용을 정리한 저서는 '최고의 책'이라는 의미인 《알마게스트(Almagest)》라고 불린다. 프톨레마이오스가 세운 우주관은 그 후 1400년에 걸쳐 서양을 지배했다.

04

코페르니쿠스

1473년 ~ 1543년

폴란드의 성직자이자 의사였던 코페르니쿠스(Copernicus)는 천문학에도 관심이 많았다. 천구가 복잡하게 움직이는 천동설은 행성의 역행 등을 설명할 수 없다고 생각한 그는 옛 문헌을 조사한 끝에 아리스타르코스(Aristarchos)의 지동설을 '재발견'하였다. 지동설이면 행성의 역행이 쉽게 설명되기 때문에 코페르니쿠스는 지동설을 믿게 되었다.

제 3 장

태양계의
친구들

태양계

태양계란 항성인 태양과 태양의 중력을 받아 공전하고 있는 행성 등의 천체를 모두 통틀어 이르는 말이다. 즉, '태양 일가족'이다. 하나의 항성(태양)과 8개의 행성, 몇 개의 **왜소행성**(107쪽), 다수의 위성, **소행성**(100쪽), 혜성 등이 태양계를 형성하는 가족들이다.

태양계 행성의 공전 궤도(수성부터 화성까지)

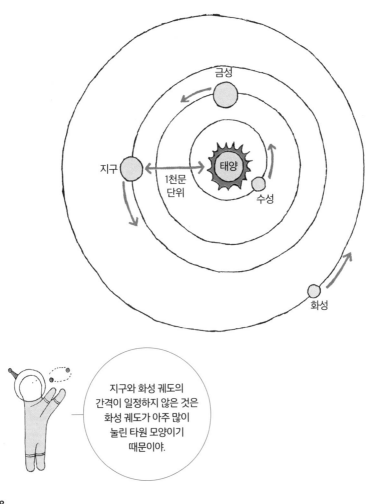

지구와 화성 궤도의 간격이 일정하지 않은 것은 화성 궤도가 아주 많이 눌린 타원 모양이기 때문이야.

태양계 행성과 기타 천체의 공전 궤도(화성부터~)

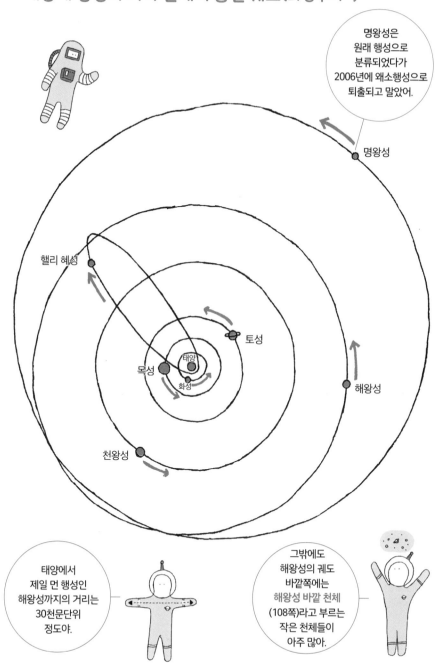

명왕성은 원래 행성으로 분류되었다가 2006년에 왜소행성으로 퇴출되고 말았어.

명왕성

핼리 혜성

토성

목성 태양 화성

해왕성

천왕성

태양에서 제일 먼 행성인 해왕성까지의 거리는 30천문단위 정도야.

그밖에도 해왕성의 궤도 바깥쪽에는 해왕성 바깥 천체 (108쪽)라고 부르는 작은 천체들이 아주 많아.

내행성과 외행성

Inferior planet &
Superior planet

지구를 기준으로 해서, 태양에 더 가까운 안쪽 궤도를 도는 수성과 금성을 **내행성**이라고 부른다. 한편 지구보다 바깥쪽 궤도를 도는 화성, 목성, 토성, 천왕성, 해왕성을 **외행성**이라고 한다.

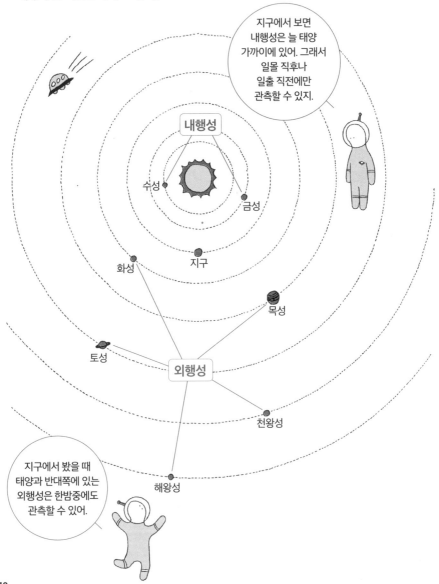

070

거대 가스 행성

행성을 크기와 구조로 분류하는 방법도 있다. 수성, 금성, 지구, 화성은 **암석 행성**(또는 **지구형 행성**), 목성과 토성은 **거대 가스 행성**(또는 **목성형 행성**), 천왕성과 해왕성은 **거대 얼음 행성**(또는 **천왕성형 행성**)으로 분류된다.

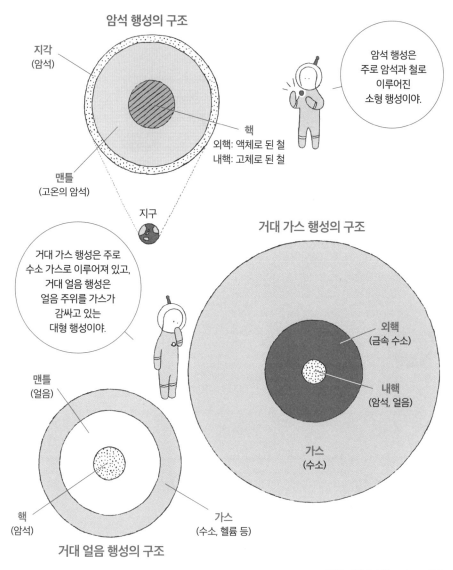

암석 행성의 구조

지각
(암석)

핵
외핵: 액체로 된 철
내핵: 고체로 된 철

맨틀
(고온의 암석)

지구

암석 행성은 주로 암석과 철로 이루어진 소형 행성이야.

거대 가스 행성은 주로 수소 가스로 이루어져 있고, 거대 얼음 행성은 얼음 주위를 가스가 감싸고 있는 대형 행성이야.

거대 가스 행성의 구조

외핵
(금속 수소)

내핵
(암석, 얼음)

가스
(수소)

맨틀
(얼음)

핵
(암석)

가스
(수소, 헬륨 등)

거대 얼음 행성의 구조

천문단위

Astronomical unit

천문단위(AU)는 천문학에서 쓰는 거리 단위로, 약 1억 5000만km(정확하게는 1억 4959만 7870.7km)이다. 태양과 지구의 평균 거리가 그 유래이며, 태양계 안의 거리 단위로 흔히 사용된다.

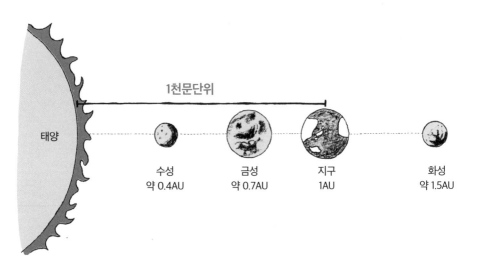

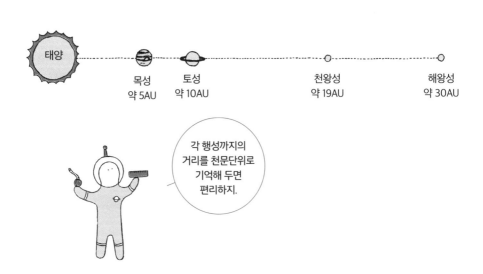

각 행성까지의 거리를 천문단위로 기억해 두면 편리하지.

합

지구에서 봤을 때 내행성이 태양과 완전히 같은 방향에 있는 것을 합이라고 부른다. 이때 태양보다 앞에 있으면 내합, 태양보다 뒤에 있으면 외합이라고 한다.

최대 이각

지구에서 봤을 때 내행성이 태양에서 가장 멀리 떨어져 있는 것처럼 보이는 상태를 최대 이각이라고 한다. 내행성이 태양의 동쪽에 있을 때는 동방 최대 이각, 태양의 서쪽에 있을 때는 서방 최대 이각이다.

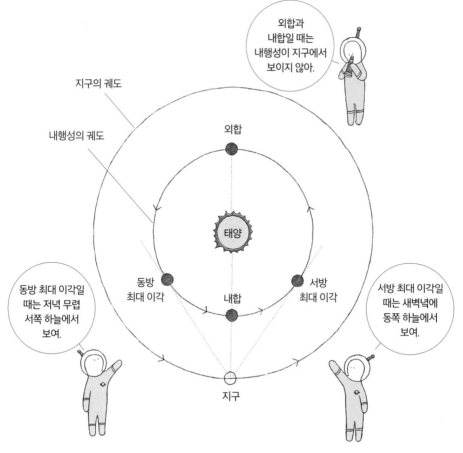

충

지구에서 봤을 때 외행성이 태양과 정반대 쪽에 있는 것을 **충**이라고 한다.

구

지구에서 봤을 때, 외행성과 태양과의 각도(이각)가 90도가 되는 것을 구라고 한다. 동쪽으로 90도의 떨어진 위치에 있으면 **동구**, 서쪽으로 90도 떨어진 위치에 있으면 **서구**이다.

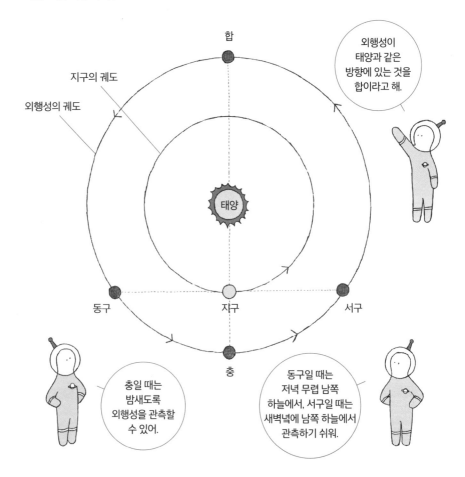

역행

일반적으로 행성은 배경에 있는 별들(항성) 사이를 매일 밤 조금씩 지나며 동쪽으로 이동한다. 이를 **순행**이라고 부른다. 그런데 행성은 이따금 서쪽으로 이동하기도 한다. 이를 **역행**이라고 한다.

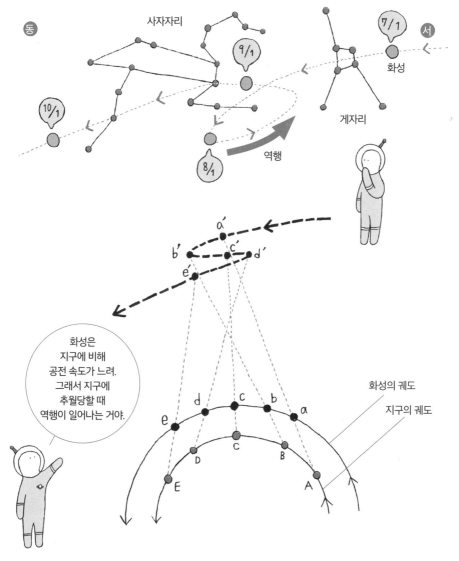

케플러 법칙

Kepler's law of planetary motion

태양계 행성의 공전 운동에 관한 세 가지 법칙을 케플러 법칙이라고 한다.
독일의 천문학자 케플러(116쪽)가 17세기 초에 발견했다.

제1법칙

행성은 태양을 한 초점으로 하는 타원 궤도를 그린다.
(타원=2개의 초점에서 거래의 합이 일정한 점들의 모임)

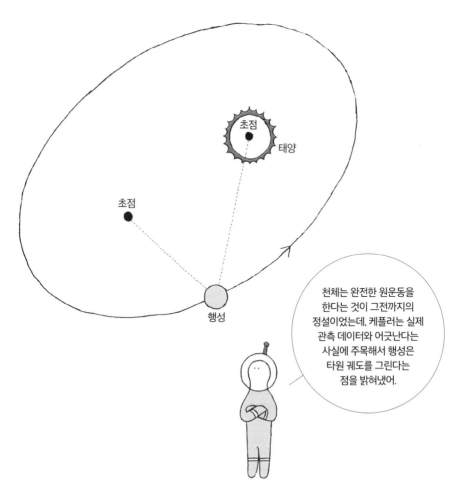

초점
태양

초점

행성

천체는 완전한 원운동을
한다는 것이 그전까지의
정설이었는데, 케플러는 실제
관측 데이터와 어긋난다는
사실에 주목해서 행성은
타원 궤도를 그린다는
점을 밝혀냈어.

제2법칙

태양에서 행성까지의 직선이, 같은 시간 동안 그리는 부채꼴 모양의 면적은 항상 일정하다.

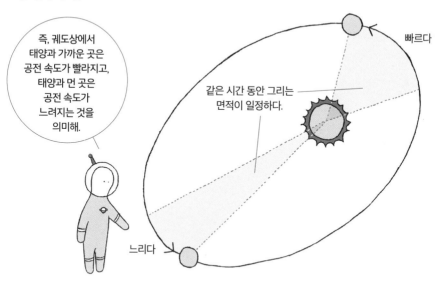

제3법칙

각 행성의 공전 주기의 제곱은 태양에서의 평균 거리의 세제곱에 비례한다.

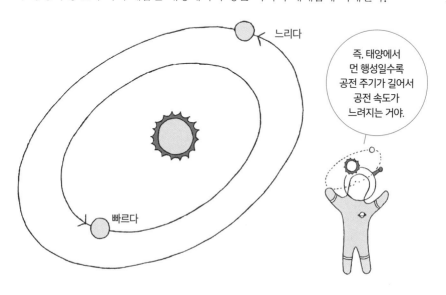

수성

수성은 태양에 가장 가까운 궤도를 그리는 행성이다. 태양계의 행성 중에 제일 작은데, 그중 절반이 철로 이루어져 있어 밀도가 가장 높은 행성이기도 하다.

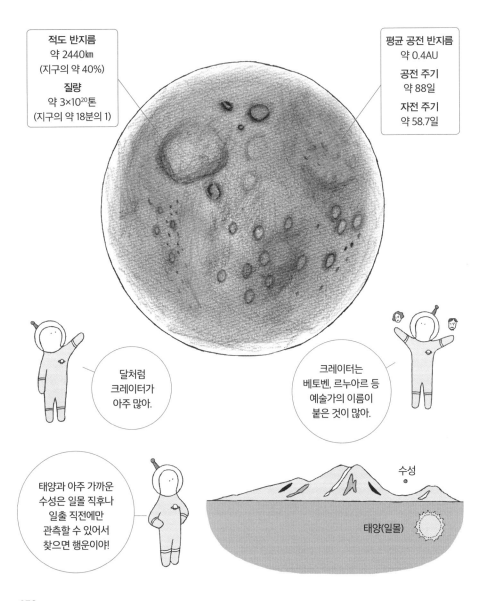

적도 반지름
약 2440km
(지구의 약 40%)

질량
약 3×10²⁰톤
(지구의 약 18분의 1)

평균 공전 반지름
약 0.4AU

공전 주기
약 88일

자전 주기
약 58.7일

달처럼
크레이터가
아주 많아.

크레이터는
베토벤, 르누아르 등
예술가의 이름이
붙은 것이 많아.

태양과 아주 가까운
수성은 일몰 직후나
일출 직전에만
관측할 수 있어서
찾으면 행운이야!

수성

태양(일몰)

수성의 하루는 176일?

수성의 공전 주기는 약 88일, 자전 주기는 약 58.7일이다. 수성은 1회 공전하는 동안 1.5회 자전한다. 그래서 수성의 하루는 지구의 약 176일에 해당한다. '낮'이 88일 이어진 후에 '밤'이 88일 이어진다.

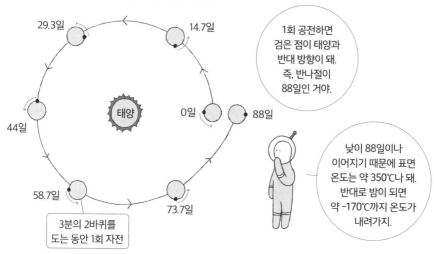

1회 공전하면 검은 점이 태양과 반대 방향이 돼. 즉, 반나절이 88일인 거야.

낮이 88일이나 이어지기 때문에 표면 온도는 약 350℃나 돼. 반대로 밤이 되면 약 -170℃까지 온도가 내려가지.

3분의 2바퀴를 도는 동안 1회 자전

베피콜롬보

BepiColombo

베피콜롬보는 유럽 ESA(292쪽)와 일본 JAXA가 공동으로 진행하는 수성 탐사 계획이다. 2018년 10월에 탐사선을 쏘아 올려, 2024년 수성에 도달하는 것이 목표이다.

MMO와 MPO라는 두 대의 탐사선을 합체시켜서 수성까지 보내는 거야.

금성

금성은 태양에 두 번째로 가까운 궤도를 도는 행성이다. 크기와 질량이 지구와 몹시 비슷한 '쌍둥이' 같은 별인데, 사실은 이산화탄소를 주성분으로 한 두꺼운 대기가 뒤덮고 있어 표면 온도가 450℃나 되는 아주 뜨거운 행성이다.

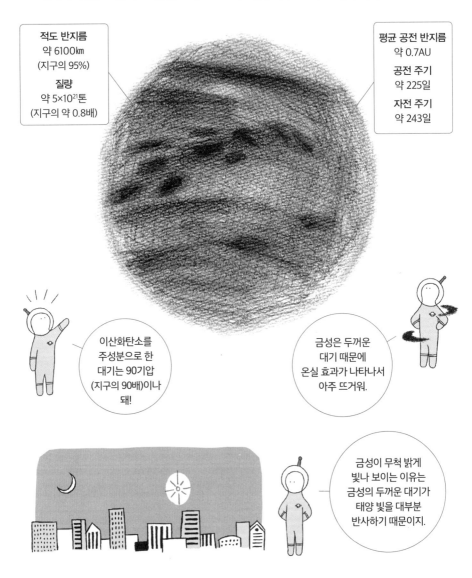

적도 반지름
약 6100km
(지구의 95%)
질량
약 5×10²¹톤
(지구의 약 0.8배)

평균 공전 반지름
약 0.7AU
공전 주기
약 225일
자전 주기
약 243일

이산화탄소를 주성분으로 한 대기는 90기압 (지구의 90배)이나 돼!

금성은 두꺼운 대기 때문에 온실 효과가 나타나서 아주 뜨거워.

금성이 무척 밝게 빛나 보이는 이유는 금성의 두꺼운 대기가 태양 빛을 대부분 반사하기 때문이지.

금성도 달처럼 차고 이지러진다?

금성은 달과 마찬가지로 태양 빛을 반사해서 빛나기 때문에 지구와의 위치 변화에 따라 태양에 비치는 부분이 다르게 보여서 차고 이지러진다. 또, 금성과 지구의 거리 역시 크게 달라지기 때문에 겉으로 보이는 크기 또한 변화한다.

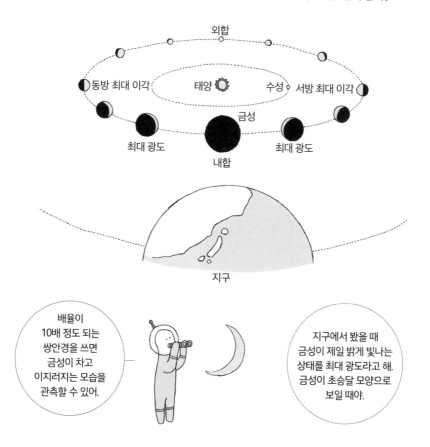

배율이 10배 정도 되는 쌍안경을 쓰면 금성이 차고 이지러지는 모습을 관측할 수 있어.

지구에서 봤을 때 금성이 제일 밝게 빛나는 상태를 최대 광도라고 해. 금성이 초승달 모양으로 보일 때야.

태백성·개밥바라기·샛별은 같은 것?

저녁 무렵 서쪽 하늘에 보이는 금성을 **개밥바라기** 혹은 **태백성**이라고 부른다. 그리고 새벽 무렵 동쪽 하늘에 보이는 금성은 **샛별** 혹은 **계명성**이라고 한다. 옛날에는 이 둘을 다른 별이라고 여긴 적도 있었다.

슈퍼 로테이션

금성에서는 자전 속도보다 훨씬 빠른 폭풍이 전체적으로 불고 있다. 이 수수께 끼 같은 폭풍을 **슈퍼 로테이션**이라고 부른다.

금성은 243일에
1회 자전한다.
(무척 느리다.)
금성의 자전 속도는
적도 부근에서
초속 약 1.6m

금성 전체에 최대
초속 100m에 달하는
폭풍이 불고 있다.
(자전 속도의 약 60배)

지구의 자전 속도는
적도 부근에서
초속 약 460m

지구에서도 편서풍 등은
초속 100m에 달하지만
자전 속도보다는
훨씬 느리다.

'자전 속도보다 빠른
바람은 불지 않는다.'가
기상학의 상식이기
때문에 금성의 폭풍은
어떻게 빠를 수
있는지 아직 밝혀지지
않았어.

아카쓰키

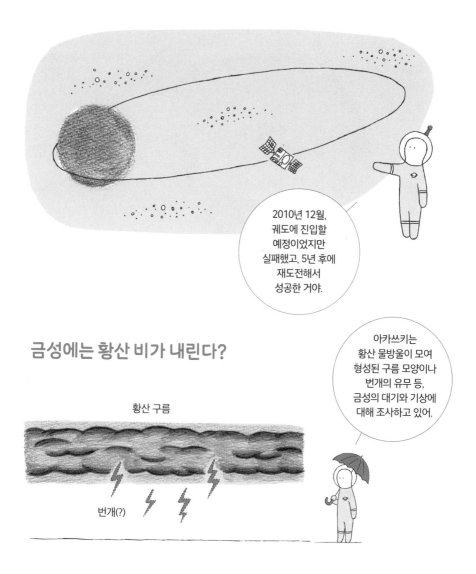

Akatsuki

금성 탐사선 '아카쓰키'는 JAXA가 2010년 5월에 쏘아 올려, 2015년 12월에 금성 주위를 도는 궤도에 진입하였다. 슈퍼 로테이션 등 금성의 대기에 관한 수수께 끼를 푸는 것을 목적으로 하고 있다.

2010년 12월, 궤도에 진입할 예정이었지만 실패했고, 5년 후에 재도전해서 성공한 거야.

금성에는 황산 비가 내린다?

황산 구름

번개(?)

아카쓰키는 황산 물방울이 모여 형성된 구름 모양이나 번개의 유무 등, 금성의 대기와 기상에 대해 조사하고 있어.

화성

화성은 지구 바로 바깥쪽 궤도를 도는 태양계 제4행성이다. 현재의 화성은 춥고 건조하지만, 예전에는 바다가 있었던 것으로 추정되기 때문에 화성에서도 생명이 탄생했을 가능성이 있다.

적도 반지름
약 3400km
(지구의 약 절반)
질량
약 6×10^{20}톤
(지구의 약 9분의 1)

평균 공전 반지름
약 1.5AU
공전 주기
약 687일
자전 주기
약 24.6시간

화성의 표면은
산화철(녹슨 철)을
포함한 붉은 흙과 바위로
뒤덮여 있기 때문에
붉게 보이는 거야.

화성의 북극과
남극에는 얼음과
드라이아이스(이산화탄소
얼음)로 뒤덮인
극관이 보여.

에베레스트보다
3배 높은 올림포스산,
그랜드 캐니언의 10배 규모인
마리네리스 협곡 등
화성에는 기복이 심한
지형이 아주 많아.

올림포스 산

27000m 에베레스트

화성 대접근

Mars' closest approach

지구와 화성은 약 2년 2개월마다 공전 궤도상에서 가까워진다. 하지만 화성의 궤도는 지구의 궤도보다 훨씬 더 눌린 타원을 그리고 있어서, 접근했을 때의 거리가 가장 먼 경우(소접근)와 가장 가까운 경우(대접근)가 있다. 화성은 이를 15~17년마다 반복한다.

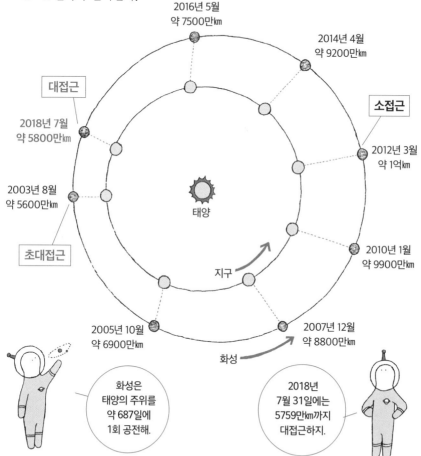

2016년 5월
약 7500만km

2014년 4월
약 9200만km

대접근

소접근

2018년 7월
약 5800만km

2012년 3월
약 1억km

태양

2003년 8월
약 5600만km

초대접근

2010년 1월
약 9900만km

지구

2005년 10월
약 6900만km

2007년 12월
약 8800만km

화성

화성은 태양의 주위를 약 687일에 1회 공전해.

2018년 7월 31일에는 5759만km까지 대접근하지.

화성 접근 시기가 탐사선 발사의 기회?

지구와 화성이 가까워지는 시기에는 탐사선이 짧은 거리를 이동해 화성으로 갈 수 있다. 그래서 화성 탐사선은 약 2년 2개월을 주기로 발사되고 있다.

바이킹
Viking

바이킹은 NASA가 화성에 쏘아 올린 두 대의 무인 탐사선이다. 1976년에 바이킹 1호와 2호가 연이어 화성에 착륙해서 화성 표면의 흙을 채취해 미생물 등이 있는지 조사했지만, 생명체는 발견되지 않았다.

큐리오시티
Curiosity

큐리오시티는 2012년 화성에 착륙한 NASA의 최신 화성 탐사선이다. 화성 표면에 지금도 물(소금물)이 흐르고 있다는 증거나 옛날에 화성이 생명체가 살 수 있는 환경이었음을 가리키는 증거 등을 찾아냈다.

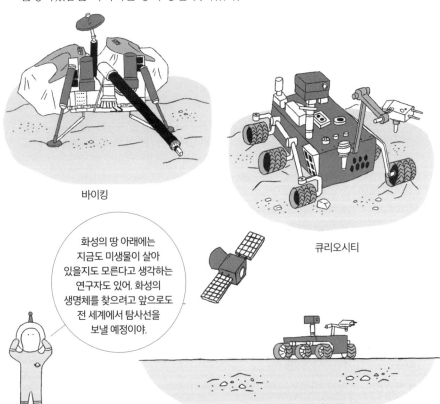

바이킹

큐리오시티

화성의 땅 아래에는 지금도 미생물이 살아 있을지도 모른다고 생각하는 연구자도 있어. 화성의 생명체를 찾으려고 앞으로도 전 세계에서 탐사선을 보낼 예정이야.

포보스/데이모스

화성은 위성을 2개 가지고 있다. 제1위성이 **포보스**, 제2위성이 **데이모스**이다. 지구의 위성인 달은 둥글고 무척 크지만, 화성의 두 위성은 훨씬 작고 감자처럼 울퉁불퉁한 모양이다.

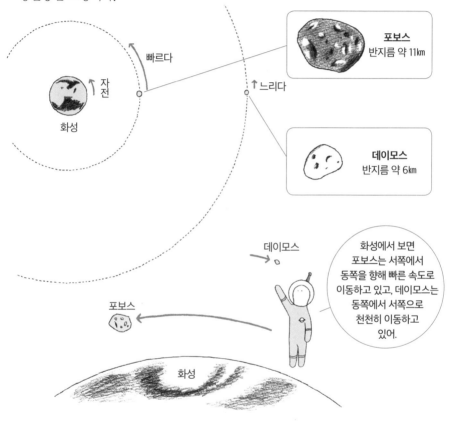

포보스
반지름 약 11km

데이모스
반지름 약 6km

빠르다

↑ 자전

화성

↑ 느리다

데이모스

포보스

화성에서 보면 포보스는 서쪽에서 동쪽을 향해 빠른 속도로 이동하고 있고, 데이모스는 동쪽에서 서쪽으로 천천히 이동하고 있어.

화성

MMX

MMX는 NASA와 JAXA 등이 공동으로 진행하고 있는 화성 위성 탐사 계획이다. 포보스와 데이모스를 관측하고, 포보스에 수차례 착륙해서 모래를 채취해 지구로 돌아오는 계획이다. 2024년에 쏘아 올려, 2029년에 지구로 돌아오는 것이 목표다.

목성

목성은 태양계 제5행성으로 태양계에서 가장 큰 행성이다. 대부분 가스로 이루어져 있는 목성은 지구보다는 오히려 태양과 비슷하다. 목성이 지금보다 80배 정도 무거웠다면 태양처럼 핵융합을 해서 항성이 되었을 것이다.

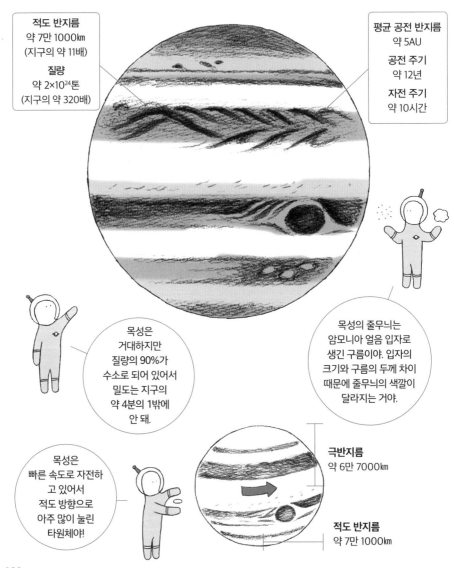

적도 반지름
약 7만 1000km
(지구의 약 11배)
질량
약 2×10²⁴톤
(지구의 약 320배)

평균 공전 반지름
약 5AU
공전 주기
약 12년
자전 주기
약 10시간

목성은 거대하지만 질량의 90%가 수소로 되어 있어서 밀도는 지구의 약 4분의 1밖에 안 돼.

목성의 줄무늬는 암모니아 얼음 입자로 생긴 구름이야. 입자의 크기와 구름의 두께 차이 때문에 줄무늬의 색깔이 달라지는 거야.

목성은 빠른 속도로 자전하고 있어서 적도 방향으로 아주 많이 눌린 타원체야!

극반지름
약 6만 7000km

적도 반지름
약 7만 1000km

목성에도 띠가 있다?

토성은 아름다운 띠(고리)로 유명한데, 사실은 목성과 천왕성, 해왕성에도 띠가 있다. 하지만 토성만큼 거대하지 않기 때문에 지구에서는 큰 망원경이 아니면 관측할 수 없다.

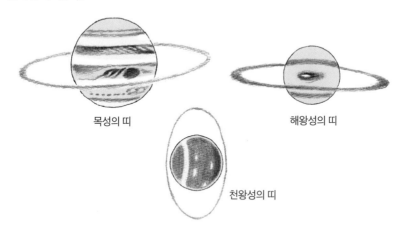

목성의 띠

해왕성의 띠

천왕성의 띠

대적점

목성의 남반구에 보이는 특징적인 붉은 회오리 모양을 **대적점**이라고 한다. 지구 2~3개를 합쳐 놓은 크기이며, 거대한 태풍과 같은 것으로 짐작한다. 다만 지구의 태풍은 저기압성 소용돌이인 반면, 목성의 대적점은 고기압성 소용돌이다.

지구

대적점은 300년 이상이나 사라지지 않고 있어.

갈릴레이 위성

목성은 2018년 7월 현재까지 79개의 위성이 발견되었다. 그중에서 갈릴레이
(116쪽)가 발견한 4개의 위성은 그 크기가 압도적으로 커서 **갈릴레이 위성**이라고
부른다.

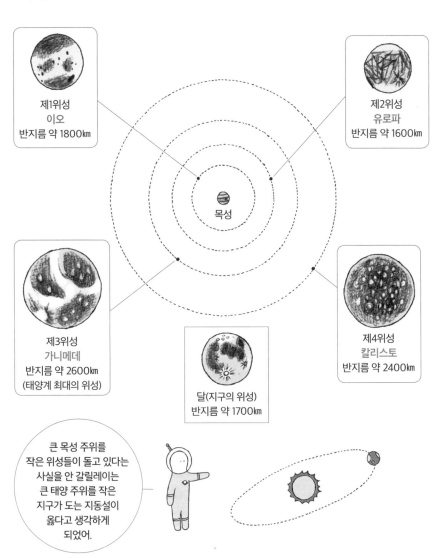

제1위성
이오
반지름 약 1800㎞

제2위성
유로파
반지름 약 1600㎞

목성

제3위성
가니메데
반지름 약 2600㎞
(태양계 최대의 위성)

달(지구의 위성)
반지름 약 1700㎞

제4위성
칼리스토
반지름 약 2400㎞

큰 목성 주위를
작은 위성들이 돌고 있다는
사실을 안 갈릴레이는
큰 태양 주위를 작은
지구가 도는 지동설이
옳다고 생각하게
되었어.

갈릴레이 위성 중에는 '바다'를 가진 것이 있다?

위성 유로파는 표면이 두꺼운 얼음으로 뒤덮인 **얼음 위성**이다. 하지만 얼음 아래에는 액체 바다(**지하바다** 또는 **내부바다**라고 부른다.)가 있을 가능성이 있다. 거대한 목성 때문에 생기는 강한 기조력(49쪽)이 유로파를 격렬하게 흔들고, 그 과정에서 생긴 열이 얼음을 녹여 바다가 되는 것으로 예상하고 있다.

> 바다가 있다면 생명체가 살지도 몰라……

유로파의 지하바다 상상도

> 가니메데나 칼리스토에도 지하바다가 있을 가능성이 있어.

얼음 100km?

지하바다

유로파 클리퍼

Europa Clipper

유로파 클리퍼는 NASA가 2020년대에 쏘아 올릴 예정인 유로파 탐사선이다. 유로파에 가까이 비행하면서 탐사해서 얼음의 표면을 고해상도로 촬영하거나, 유로파의 내부 구조 등을 조사할 계획이다.

> 유럽에서도 목성의 얼음 위성에 탐사선을 보내는 'JUICE' 계획을 세우고 있어!

토성

아름다운 띠를 두른 **토성**은 태양계에서 목성 다음으로 큰 행성이다. 토성도 목성과 마찬가지로 대부분 가스로 이루어져 있다. 표면의 줄무늬는 목성보다 연해서 별로 눈에 띄지 않는다.

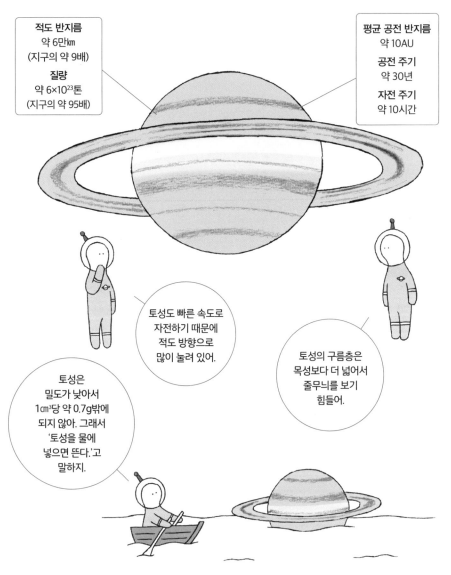

적도 반지름
약 6만km
(지구의 약 9배)
질량
약 6×10²³톤
(지구의 약 95배)

평균 공전 반지름
약 10AU
공전 주기
약 30년
자전 주기
약 10시간

토성도 빠른 속도로 자전하기 때문에 적도 방향으로 많이 눌려 있어.

토성의 구름층은 목성보다 더 넓어서 줄무늬를 보기 힘들어.

토성은 밀도가 낮아서 1cm³당 약 0.7g밖에 되지 않아. 그래서 '토성을 물에 넣으면 뜬다.'고 말하지.

고리

토성의 고리는 반지름이 약 14만㎞나 되지만, 두께는 불과 수백 미터밖에 되지 않는다. 고리는 한 장의 판이 아니라, 크고 작은 얼음 조각(암석도 다소 섞여 있다.)들이 모여 있다.

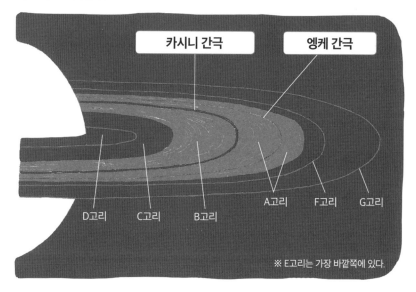

카시니 간극   엥케 간극

D고리   C고리   B고리   A고리   F고리   G고리

※ E고리는 가장 바깥쪽에 있다.

토성의 고리가 사라진다?

토성 고리의 두께는 수백 미터밖에 되지 않아서 수평 방향에서는 고리가 거의 보이지 않는다. 지구에서 본 토성의 기울기는 토성의 공전 주기와 똑같이 약 30년 주기로 변화한다. 그 사이에 2회, 즉 약 15년 주기로 고리가 보이지 않게 된다.

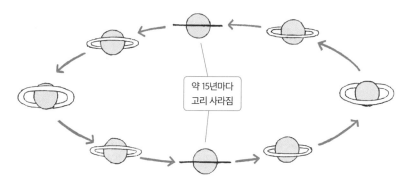

약 15년마다
고리 사라짐

엔켈라두스

엔켈라두스(엔셀라두스라고도 한다.)는 토성의 제2위성이다. 반지름 250㎞ 정도 되는 작은 얼음 위성인데, 얼어붙은 표면 아래에 지하바다가 펼쳐져 있고 유기물의 존재까지 확인했기 때문에 생명체가 살고 있을 가능성이 있는 별로 갑자기 주목받았다.

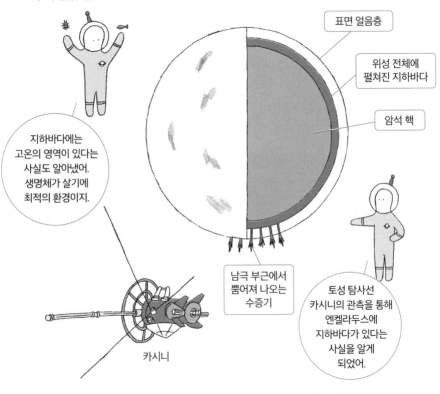

표면 얼음층

위성 전체에 펼쳐진 지하바다

암석 핵

지하바다에는 고온의 영역이 있다는 사실도 알아냈어. 생명체가 살기에 최적의 환경이지.

남극 부근에서 뿜어져 나오는 수증기

토성 탐사선 카시니의 관측을 통해 엔켈라두스에 지하바다가 있다는 사실을 알게 되었어.

카시니

카시니

카시니는 NASA와 ESA가 개발했고, 1997년에 쏘아 올린 토성 탐사선이다. 2004년에 토성 궤도에 진입해서 토성과 위성인 타이탄, 엔켈라두스 등을 조사했다. 위성 타이탄에는 소형 착륙선인 하위헌스를 내려보내서 지표의 상태 등을 알아보았다. 2017년 9월에 토성 대기를 통과하며 임무를 마쳤다.

타이탄

토성은 60개가 넘는 위성을 가지고 있는데, 그중에서 가장 큰 위성은 제6위성인 타이탄이다. 타이탄에는 질소와 메탄을 주성분으로 한 두꺼운 대기가 있다. 그리고 액체 메탄 비가 내려서 지표에는 액체 메탄 강과 호수가 있다.

타이탄
반지름 약 2600㎞,
태양계에서
두 번째로 큰 위성

타이탄의
표면 온도는
-180℃나 돼.

지구에서
메탄은 기체 상태로
있지만, 극한인
타이탄에서는
액체 상태로
존재해.

액체 메탄 비

액체 메탄 호수

타이탄에는 이질적인 생명체가 있다?

생명체가 살아가려면 액체 상태의 물이 반드시 있어야 한다. 타이탄에는 언 물, 즉 얼음이 있지만, 액체 메탄이 물의 역할을 대신한다면 액체 상태의 메탄을 주성분으로 한 미지의 이질적인 생명체가 존재할지도 모른다고 생각한 연구자도 있다.

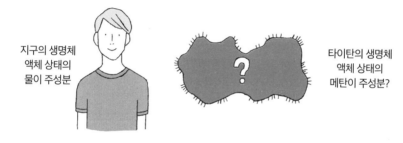

지구의 생명체
액체 상태의
물이 주성분

타이탄의 생명체
액체 상태의
메탄이 주성분?

수성에서 토성까지의 행성은 옛날부터 맨눈으로 관측할 수 있었다. 반면 토성보다 바깥쪽을 도는 **천왕성**은 망원경으로 발견한 행성이다.

천왕성과 해왕성은 푸르게 보이는데, 그 이유는 수소와 헬륨으로 이루어진 대기 속에 소량 포함된 메탄의 색깔 때문이다.

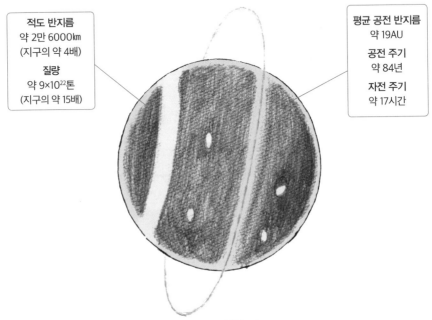

적도 반지름
약 2만 6000㎞
(지구의 약 4배)

질량
약 9×10²²톤
(지구의 약 15배)

평균 공전 반지름
약 19AU

공전 주기
약 84년

자전 주기
약 17시간

천왕성은 옆으로 누워서 자전한다?

천왕성의 자전축은 98도 기울어져 있어서 옆으로 누운 상태로 자전하고 있다. 이는 천왕성이 탄생했을 때 다른 천체와 충돌했기 때문인 것으로 짐작된다.

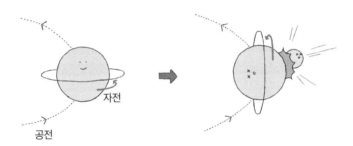

자전

공전

해왕성

천왕성보다 바깥쪽을 도는 **해왕성**은 계산을 통해 찾아낸 행성이다. 천왕성의 움직임이 계산과 맞지 않자, 천왕성에 중력이 미치는 미지의 행성이 있을지도 모른다고 예상했고 그 예상 위치에서 새로운 행성인 해왕성을 발견한 것이다. 천왕성과 해왕성은 크기와 조성이 무척 비슷한 쌍둥이 같은 행성이다.

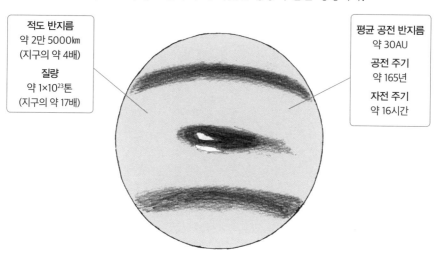

적도 반지름
약 2만 5000km
(지구의 약 4배)

질량
약 1×10^{23}톤
(지구의 약 17배)

평균 공전 반지름
약 30AU

공전 주기
약 165년

자전 주기
약 16시간

해왕성의 위성 트리톤은 심술쟁이?

해왕성 최대의 위성인 **트리톤**은 태양계의 큰 위성 중에서 유일하게 공전 방향이 행성의 자전 방향과 반대인 역행 위성이다.

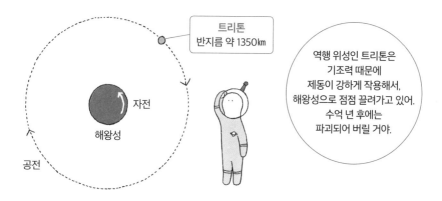

트리톤
반지름 약 1350km

자전

해왕성

공전

역행 위성인 트리톤은
기조력 때문에
제동이 강하게 작용해서,
해왕성으로 점점 끌려가고 있어.
수억 년 후에는
파괴되어 버릴 거야.

핼리 혜성

핼리 혜성은 약 76년을 주기로 태양과 지구에 가까워지는(회귀하는) 혜성(28쪽)이다. 회귀할 때마다 긴 꼬리를 끄는 것으로 유명하다. 가장 최근에 지구와 가까워진 때는 1986년이며, 다음에는 2061년에 찾아올 예정이다.

대표적인 혜성의 궤도

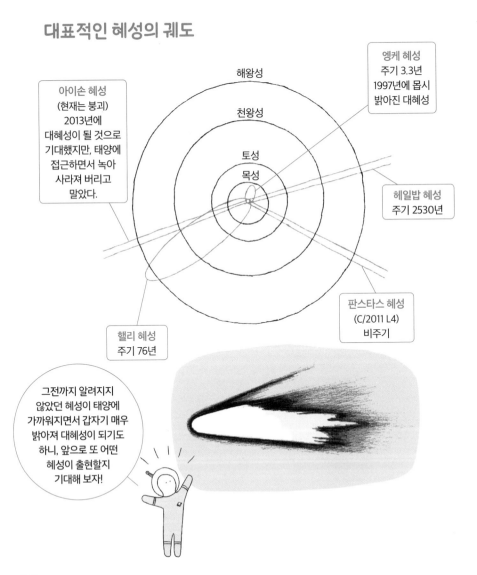

해왕성

천왕성

토성

목성

엥케 혜성
주기 3.3년
1997년에 몹시
밝아진 대혜성

아이손 혜성
(현재는 붕괴)
2013년에
대혜성이 될 것으로
기대했지만, 태양에
접근하면서 녹아
사라져 버리고
말았다.

헤일밥 혜성
주기 2530년

판스타스 혜성
(C/2011 L4)
비주기

핼리 혜성
주기 76년

그전까지 알려지지
않았던 혜성이 태양에
가까워지면서 갑자기 매우
밝아져 대혜성이 되기도
하니, 앞으로 또 어떤
혜성이 출현할지
기대해 보자!

두 번 다시 돌아오지 않는 혜성도 있다?

혜성에는 주기적으로 태양에 접근하는 주기 혜성, 한 번 태양에 가까워지고 나면 두 번 다시 돌아오지 않는 비주기 혜성이 있다. 주기 혜성은 다시 주기가 200년 이하인 단주기 혜성과 그보다 긴 장주기 혜성으로 구분된다(비주기 혜성을 장주기 혜성에 포함시키기도 한다.).

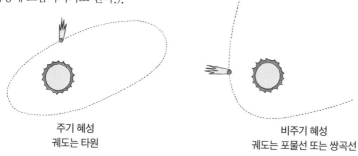

주기 혜성
궤도는 타원

비주기 혜성
궤도는 포물선 또는 쌍곡선

유성우

Meteor shower

혜성의 궤도와 지구의 궤도가 교차할 때, 지구가 그곳을 지나면 혜성이 흩뿌린 대량의 티끌이 지구 대기로 날아 들어와 유성우(29쪽)를 연출한다. 지구가 혜성의 궤도를 가로지르는 날짜는 대체로 정해져 있기 때문에 매년 특정한 시기에 쏟아지는 유성우를 볼 수 있다.

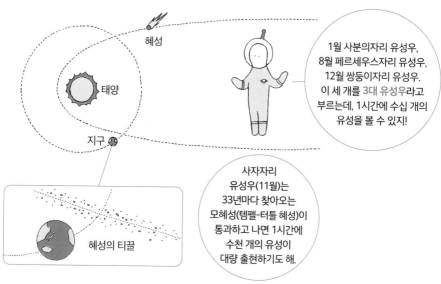

혜성

태양

지구

혜성의 티끌

1월 사분의자리 유성우, 8월 페르세우스자리 유성우, 12월 쌍둥이자리 유성우. 이 세 개를 3대 유성우라고 부르는데, 1시간에 수십 개의 유성을 볼 수 있지!

사자자리 유성우(11월)는 33년마다 찾아오는 모혜성(템펠-터틀 혜성)이 통과하고 나면 1시간에 수천 개의 유성이 대량 출현하기도 해.

소행성
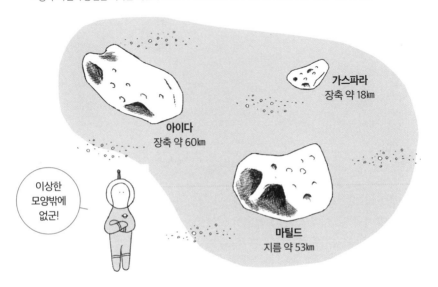

소행성은 태양계의 작은 천체 중에서 혜성 이외의 것을 가리킨다. 혜성은 코마(얇은 대기, 28쪽)와 꼬리가 있는 반면 소행성은 없다.

소행성은 대부분 지름(혹은 장축*)이 10㎞에도 미치지 못하는 작은 천체이다.

* 장축: 타원의 중심을 지나는 직선과 타원의 만나는 점을 양 끝점으로 하는 선분 중에 가장 긴 선분.

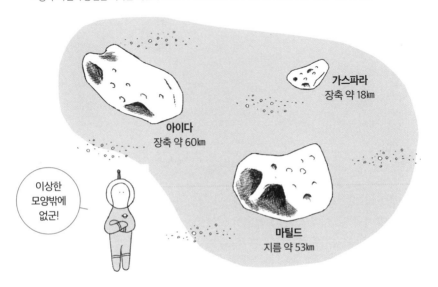

가스파라
장축 약 18km

아이다
장축 약 60km

이상한 모양밖에 없군!

마틸드
지름 약 53km

소행성은 어떻게 해서 생겼을까?

태양계에서는 제일 먼저 작은 **미행성**이 많이 만들어지고, 미행성끼리 충돌하거나 합체하면서 큰 행성이 탄생한다. 한편 충돌 속도가 너무 빠르면 합체하지 못하고 반대로 부서져 버리기도 하는데, 이것이 소행성이 된 것으로 보인다.

태양계 행성의 탄생에 대해서는 112쪽도 읽어 봐.

소행성대

화성 궤도와 목성 궤도 사이, 태양으로부터 2~3.5AU인 사이에 수백만 개가 넘는 소행성이 존재하는 영역이 있다. 이것을 **소행성대**라고 한다. 그밖에도 목성과 거의 같은 궤도를 도는 **트로이 소행성군** 등이 있다.

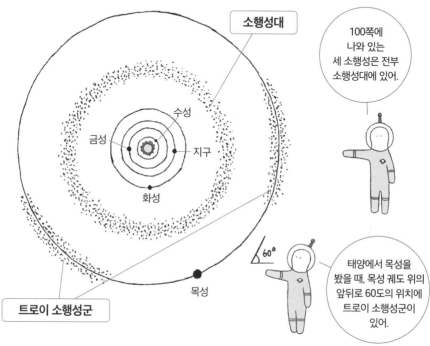

소행성대

100쪽에
나와 있는
세 소행성은 전부
소행성대에 있어.

수성

금성

지구

화성

60°

태양에서 목성을
봤을 때, 목성 궤도 위의
앞뒤로 60도의 위치에
트로이 소행성군이
있어.

트로이 소행성군

목성

소행성이 '태양계의 화석'?

태양계의 행성과 달은 형성할 때 충돌 등의 원인 때문에 전체가 한번 녹아 버린다. 반면 소행성은 열에 의해 완전히 녹은 적이 없다(일부 아닌 것도 있다.). 그래서 소행성은 태양계가 형성됐을 때의 상태를 그대로 보존하고 있어 '태양계의 화석'이라고 할 수 있다.

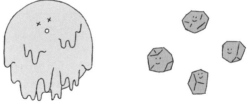

케레스

케레스(세레스라고도 한다.)는 소행성으로 제일 먼저 발견된 천체이다. 1801년 발견 당시에는 새로운 행성이라고 생각했는데, 지름이 약 950㎞(수성의 약 5분의 1) 밖에 되지 않는 데다가 케레스와 가까운 궤도에서 소천체가 연이어 발견되었기 때문에 이것들을 모두 합해 소행성이라고 부르게 되었다.
(※ 현재는 케레스를 **왜소행성**으로 분류하고 있다. 107쪽 참고)

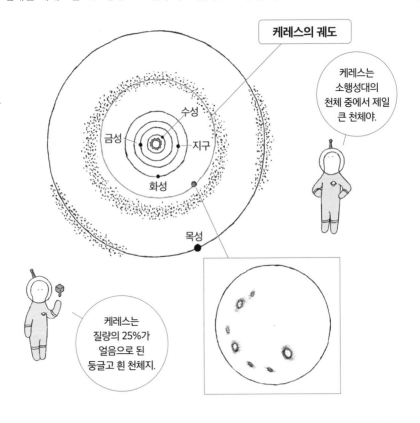

케레스의 궤도

수성

금성

지구

화성

목성

케레스는 소행성대의 천체 중에서 제일 큰 천체야.

케레스는 질량의 25%가 얼음으로 된 둥글고 흰 천체지.

돈

돈은 NASA가 2007년에 쏘아 올린 탐사선이다. 2011년에 소행성 베스타를 탐사한 후 2015년에는 케레스의 주위 궤도에 진입해서 케레스를 자세히 관측하였다.

하야부사/하야부사2   MUSES-C/Hayabusa2

하야부사와 **하야부사2**는 일본 JAXA가 쏘아 올린 소행성 탐사선이다. 하야부사는 소행성 **이토카와**에 착륙해 표면 샘플을 채취하여 2010년 지구로 돌아왔다. 그리고 2014년에 쏘아 올린 후속선 하야부사2는 소행성 **류구**에 2018년 6월 도착했고 탐사 활동을 벌인 후 2020년에 돌아올 예정이다.

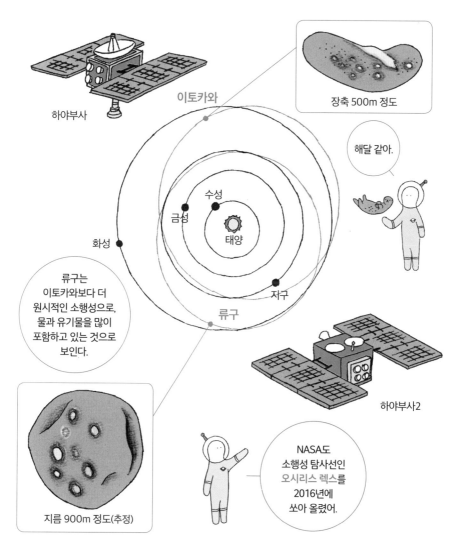

하야부사

이토카와

장축 500m 정도

해달 같아.

수성
금성
태양
화성
자구

류구는 이토카와보다 더 원시적인 소행성으로, 물과 유기물을 많이 포함하고 있는 것으로 보인다.

류구

하야부사2

지름 900m 정도(추정)

NASA도 소행성 탐사선인 오시리스 렉스를 2016년에 쏘아 올렸어.

운석

유성(29쪽)은 대부분 대기를 통과하면서 다 타고 없어지지만, 소행성 파편 등이 대기권에 진입했을 때는 전부 타지 않고 땅에 떨어지기도 하는데 이를 **운석**이라고 부른다. 무게는 수 그램에서 수십 톤까지 천차만별이다.

일본에 떨어진 최대 운석
게센운석
(가로 45㎝, 세로 75㎝, 무게 135㎏)

소행성의 파편인 운석도 태양계의 초기 모습을 남긴 태양계의 화석이다.

※ 한국에서 발견된 운석은 가평운석이 180㎏으로 가장 무게가 많이 나간다. 운석신고센터 http://meteorite.kigam.re.kr/contents/siteMain.do 에서 확인할 수 있다.

남극은 운석의 보고?

남극에서는 유독 운석이 많이 발견된다(이를 특히 **남극운석**이라고 부른다.). 남극은 하얀 눈과 얼음 때문에 검은 운석이 눈에 잘 띄기도 하고, 남극에 떨어진 운석은 얼음이 이동하면서 자연스레 산맥 근처로 모이는 성질이 있기 때문에 대량으로 발견되기 쉽다.

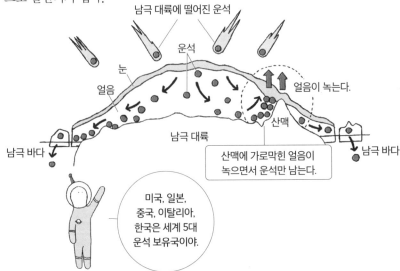

남극 대륙에 떨어진 운석

운석

눈

얼음

얼음이 녹는다.

남극 대륙

산맥

산맥에 가로막힌 얼음이 녹으면서 운석만 남는다.

남극 바다

남극 바다

미국, 일본, 중국, 이탈리아, 한국은 세계 5대 운석 보유국이야.

지구 근접 천체

지구 근접 천체(NEO)란 지구에 접근하는 궤도를 가진 소천체(소행성, 혜성 등)를 말한다. 현재 1만 6000개가 넘는 NEO가 발견되었는데, 이 중에서 가까운 미래에 지구와 충돌하는 궤도를 가진 것은 없다고 확인되었다.

공룡이 멸종한 것은 지름이 10㎞나 되는 소행성이 충돌했기 때문이라는 설이 있어.

큰 NEO는 대부분 발견되었지만 충돌할 위험은 없으니까 안심해도 돼.

퉁구스카 대폭발

1908년 러시아 시베리아의 산속에 추정 지름 50m의 NEO가 떨어져, 상공에서 폭발(퉁구스카 대폭발)했다. 그래서 서울 면적의 약 3배와 맞먹는 삼림이 소실되었지만, 다행히 외진 산속이라 인명 피해는 없었다. 러시아에서는 2013년에 첼랴빈스크 운석(지름 17m)이 떨어져 피해를 입기도 했다.

지름 수십m인 NEO는 아직 몇 퍼센트밖에 발견되지 않았지만 대책이 필요해.

명왕성

명왕성은 예전에는 태양계의 마지막 행성(제9행성)으로 분류되었었다. 하지만 크기가 너무 작기도 하고 이질적인 점이 많은 데다가 비슷한 크기의 소천체가 무수히 발견되었기 때문에, 2006년부터 왜소행성으로 퇴출되었다.

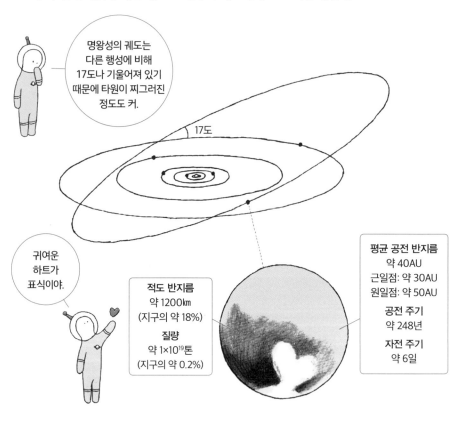

명왕성의 궤도는 다른 행성에 비해 17도나 기울어져 있기 때문에 타원이 찌그러진 정도도 커.

17도

귀여운 하트가 표식이야.

적도 반지름
약 1200km
(지구의 약 18%)
질량
약 1×10^{19}톤
(지구의 약 0.2%)

평균 공전 반지름
약 40AU
근일점: 약 30AU
원일점: 약 50AU

공전 주기
약 248년

자전 주기
약 6일

뉴 호라이즌스

뉴 호라이즌스는 NASA가 2006년에 쏘아 올린 무인 탐사선이다. 2015년에 명왕성에 접근하여 표면 모습 등을 촬영했다. 현재는 해왕성 바깥 천체(108쪽)를 향해 비행을 계속하고 있다.

왜소행성

2006년 국제천문연맹 총회에서는 태양계 행성을 '①태양의 주위를 공전한다, ② 구 모양이다(충분히 큰 것을 의미한다.), ③궤도 근처에 다른 천체가 존재하지 않는다.'라고 정의를 내렸다. 명왕성은 ③의 조건에 해당하지 않기 때문에 새로 생긴 범주인 **왜소행성**(①과 ②만 만족한다.)으로 퇴출시켰다.

왜소행성의 궤도

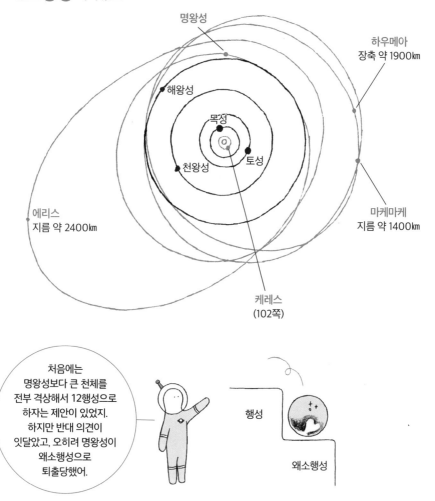

명왕성

하우메아
장축 약 1900㎞

해왕성

목성

천왕성   토성

에리스
지름 약 2400㎞

마케마케
지름 약 1400㎞

케레스
(102쪽)

처음에는 명왕성보다 큰 천체를 전부 격상해서 12행성으로 하자는 제안이 있었지. 하지만 반대 의견이 잇달았고, 오히려 명왕성이 왜소행성으로 퇴출당했어.

행성

왜소행성

에지워스-카이퍼 벨트 Edgeworth-Kuiper belt

1950년대, 아일랜드의 천문학자인 에지워스(Kenneth Edgeworth, 1880~1972)와 미국의 천문학자 카이퍼(Gerard Kuiper, 1905~1973)는 태양계 주변에 소천체가 원반(도넛) 모양으로 무수히 분포되어 있는데 여기서 혜성이 탄생한다고 예측했다. 이 원반 모양의 영역을 **에지워스-카이퍼 벨트**(또는 **카이퍼 벨트**)라고 부른다.

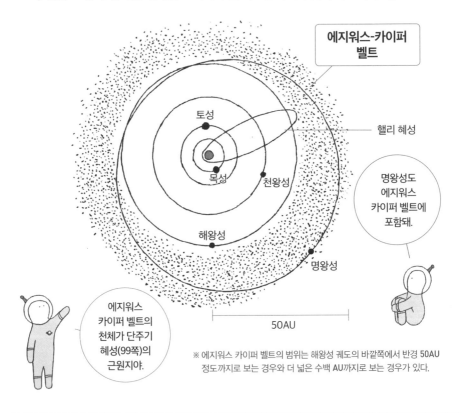

에지워스-카이퍼
벨트

토성

핼리 혜성

목성

천왕성

명왕성도
에지워스
카이퍼 벨트에
포함돼.

해왕성

명왕성

에지워스
카이퍼 벨트의
천체가 단주기
혜성(99쪽)의
근원지야.

50AU

※ 에지워스 카이퍼 벨트의 범위는 해왕성 궤도의 바깥쪽에서 반경 **50AU** 정도까지로 보는 경우와 더 넓은 수백 **AU**까지로 보는 경우가 있다.

해왕성 바깥 천체 Trans-Neptunian objects

1990년대 이후 해왕성 궤도 바깥쪽에서 다수의 소천체가 발견되면서 에지워스 카이퍼 벨트의 존재가 확인되었다. 현재는 이 영역에 있는 천체를 **해왕성 바깥 천체**라고 부른다.

오르트 구름

오르트 구름은 태양계를 구 모양으로 둘러싸고 있는 가상의 천체 집단이다. 네덜란드의 천문학자 오르트(Jan Hendrik Oort, 1900~1992)가 장주기 혜성과 비주기 혜성(99쪽)의 고향이라는 개념으로 오르트 구름을 1950년에 제창하였다.

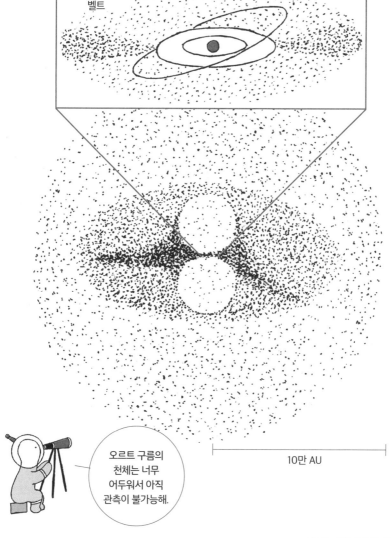

에지워스-카이퍼 벨트

10만 AU

오르트 구름의 천체는 너무 어두워서 아직 관측이 불가능해.

태양계 제9행성

해왕성보다 더 멀리서 공전하고 있는 행성 크기 천체의 존재는 많은 천문학자가 예상했고 끊임없이 찾아왔다. 2016년에는 미국의 천문학자들이 컴퓨터 시뮬레이션으로 태양계 제9행성(플래닛 나인)의 궤도를 구체적으로 나타내서 화제가 되었다.

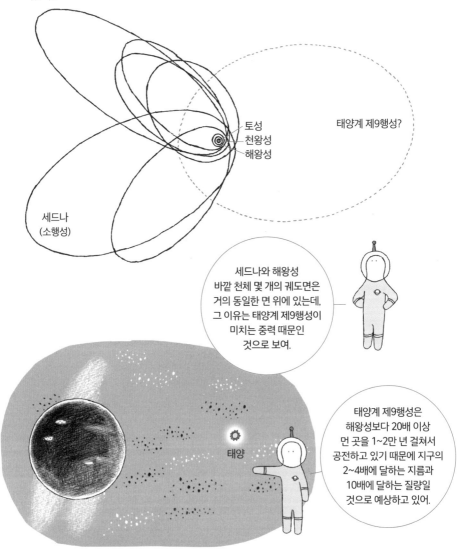

토성
천왕성
해왕성

태양계 제9행성?

세드나
(소행성)

세드나와 해왕성 바깥 천체 몇 개의 궤도면은 거의 동일한 면 위에 있는데, 그 이유는 태양계 제9행성이 미치는 중력 때문인 것으로 보여.

태양

태양계 제9행성은 해왕성보다 20배 이상 먼 곳을 1~2만 년 걸쳐서 공전하고 있기 때문에 지구의 2~4배에 달하는 지름과 10배에 달하는 질량일 것으로 예상하고 있어.

태양권

태양권(헬리오스피어)이란 태양풍(41쪽)이 미치는 범위를 뜻한다. 태양풍은 우리 은하의 성간 물질(140쪽)과 충돌해 멈추면서, 헬리오포즈라고 하는 경계면을 만든다.

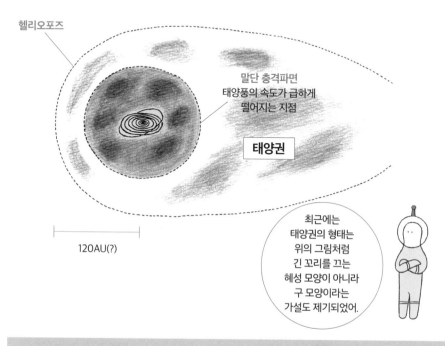

헬리오포즈

말단 충격파면
태양풍의 속도가 급하게
떨어지는 지점

태양권

120AU(?)

최근에는
태양권의 형태는
위의 그림처럼
긴 꼬리를 끄는
혜성 모양이 아니라
구 모양이라는
가설도 제기되었어.

보이저 1호

보이저 1호는 NASA가 1977년에 쏘아 올린 무인 탐사선이다. 목성과 토성에 접근해서 관측한 후, 우주 항해를 계속 이어가고 있다. 2012년 8월에는 헬리오포즈에 도달한 뒤 이곳을 통과해서 태양권을 빠져나간 최초의 인공물이 되었다.

태양권아,
잘 있어!

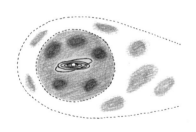

원시 태양계 원반

원시 태양계 원반이란 태양계 행성의 재료가 된, 진한 가스와 티끌로 이루어진 원반이다. 원시 태양계 원반 속에서 다수의 **미행성**이 탄생했고, 서로 충돌과 합체를 거듭하면서 원시 행성으로 성장했다. 그리고 마침내 현재 태양계의 각 행성이 탄생하였다.

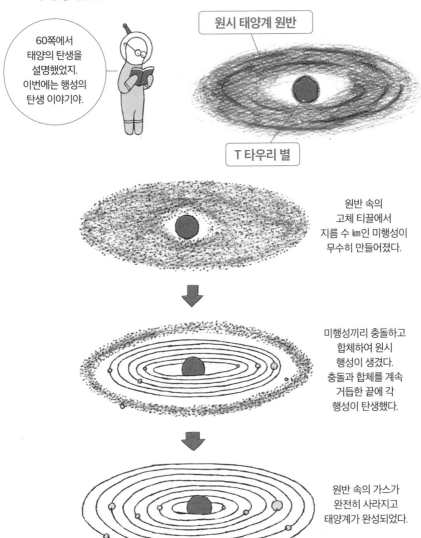

60쪽에서 태양의 탄생을 설명했었지. 이번에는 행성의 탄생 이야기야.

원시 태양계 원반

T 타우리 별

원반 속의 고체 티끌에서 지름 수 km인 미행성이 무수히 만들어졌다.

미행성끼리 충돌하고 합체하여 원시 행성이 생겼다. 충돌과 합체를 계속 거듭한 끝에 각 행성이 탄생했다.

원반 속의 가스가 완전히 사라지고 태양계가 완성되었다.

행성의 차이는 왜 생겼을까?

원반 안에서 생긴 미행성 중 태양에 가까운 곳에서는 얼음이 증발하고 암석과 금속으로 이루어진 작은 미행성이 탄생했다. 반대로 태양에서 먼 곳에서는 암석과 금속에 대량의 얼음을 포함한 큰 미행성이 생겼다. 그 차이가 최종적으로 암석 행성, 거대 가스 행성, 거대 얼음 행성의 차이를 낳은 셈이다.

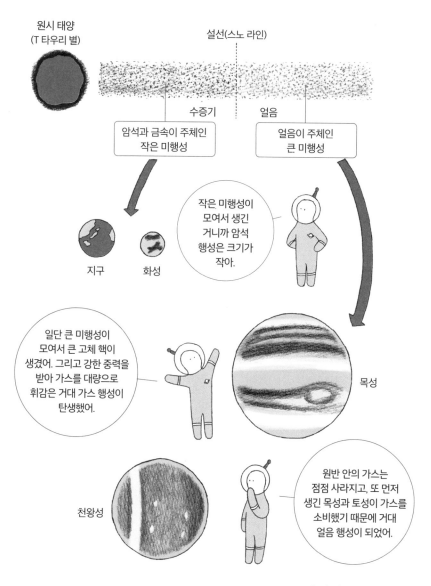

그랜드 택 가설

그랜드 택 가설은 태양계 형성에 관한 새로운 이론이다. 태양계 형성 초기에 목성과 토성이 일단 태양에 가까워졌다가, 다시 방향을 전환하여 바깥쪽으로 이동했다는 주장이다(그랜드 택이란 대전환=방향 전환을 의미한다.). 이 가설은 화성이 작은 암석 행성이 된 사실을 잘 설명해 줄 수 있다.

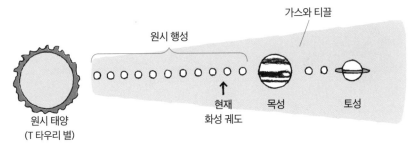

기존의 이론은 현재 화성 궤도 부근에 원시 행성이 아주 많이 있다고 보았는데, 원시 행성끼리 충돌과 합체가 일어나면 화성은 지구만큼 큰 행성이 되고 만다.

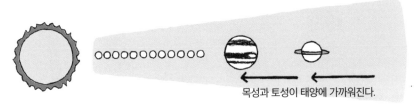

그랜드 택 가설은 목성과 토성이 원시 태양계 원반 속 가스의 저항을 받아 (정확하게는 각운동량이 감소해서) 궤도가 점점 태양에 가까워진다고 보았다. 그러면 많은 원시 행성은 더 안쪽이나 바깥쪽으로 밀려가 버린다.

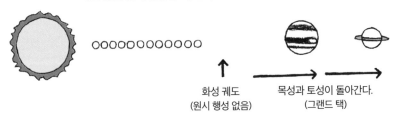

원시 태양계 원반 속에 가스가 사라지면 목성과 토성이 다시 바깥쪽으로 이동한다. 그러면 현재 화성 궤도 부근에 원시 행성이 대부분 남지 않게 된다. 이렇게 해서 화성이 작은 암석 행성밖에 될 수 없다는 사실을 설명할 수 있다.

태양계가 탄생한 '현장'을 볼 수 있다?

알마 망원경(295쪽)의 활약 덕분에 갓 태어난 항성의 주위에서 행성이 탄생하는 현장을 관측할 수 있게 되었다. 이러한 관측과 이론적 연구가 앞으로도 계속 이어진다면 그랜드 택 가설이 맞는지 등 태양계 행성의 형성에 대해서도 이해할 수 있게 될 것이다.

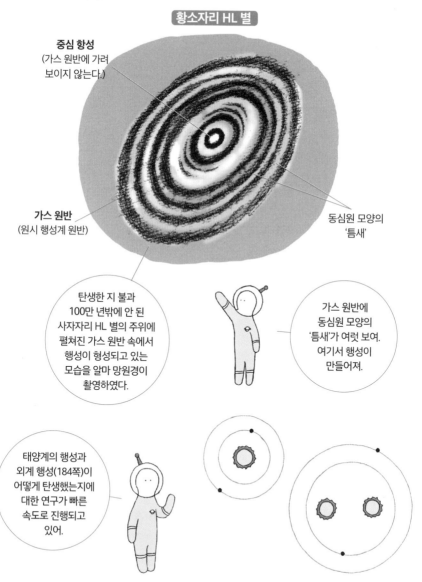

황소자리 HL 별

중심 항성
(가스 원반에 가려
보이지 않는다.)

가스 원반
(원시 행성계 원반)

동심원 모양의
'틈새'

탄생한 지 불과
100만 년밖에 안 된
사자자리 HL 별의 주위에
펼쳐진 가스 원반 속에서
행성이 형성되고 있는
모습을 알마 망원경이
촬영하였다.

가스 원반에
동심원 모양의
'틈새'가 여럿 보여.
여기서 행성이
만들어져.

태양계의 행성과
외계 행성(184쪽)이
어떻게 탄생했는지에
대한 연구가 빠른
속도로 진행되고
있어.

05

케플러

1571년 ~ 1630년

수학에 재능이 있었던 독일의 천문학자 요하네스 케플러(Johannes Kepler)는 천체 관측의 대가였던 덴마크의 천문학자 티코 브라헤(Tycho Brahe, 1546~1601)의 제자였다.

브라헤가 죽은 뒤에도 방대한 양의 관측 데이터를 바탕으로, 케플러는 행성 운동에 대해 계속 연구해 나갔다.

그리하여 행성의 궤도는 그전까지 믿어 왔던 원이 아니라 타원이라는 사실을 알아내고 케플러 법칙(76쪽)을 만들었다.

06

갈릴레이

1564년(율리우스력) ~ 1642년(그레고리력)

이탈리아의 천문학자 갈릴레오 갈릴레이(Galileo Galilei)는 망원경을 직접 만들어 우주를 관측했다. 그리하여 달이 크레이터(47쪽)투성이라는 사실과 은하수가 어두운 별의 모임이라는 사실을 발견했다.

또, 목성 주위에서 갈릴레이 위성(90쪽)을 발견하면서 모든 천체는 지구 주위를 돌고 있다고 주장했던 천동설의 오류를 알아차렸고, 그때부터 지동설을 믿게 되었다.

제 4 장

항성의
세계

광년

광년은 빛이 진공 속을 1년 동안 나아가는 거리를 말하는데, 약 9조 4600억 ㎞(정확하게는 9조 4607억 3047만 2580.8㎞)에 이른다. 천문단위(AU)로는 해결할 수 없는 별과 별 사이의 거리 등을 나타낼 때 등에 쓰는 단위이다.

1광년은 얼마나 멀까?

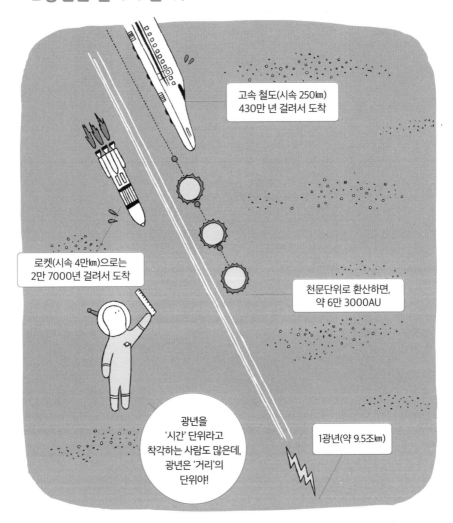

고속 철도(시속 250㎞)
430만 년 걸려서 도착

로켓(시속 4만㎞)으로는
2만 7000년 걸려서 도착

천문단위로 환산하면,
약 6만 3000AU

광년을
'시간' 단위라고
착각하는 사람도 많은데,
광년은 '거리'의
단위야!

1광년(약 9.5조㎞)

118

태양계 가까이에 있는 다른 별까지는 몇 광년?

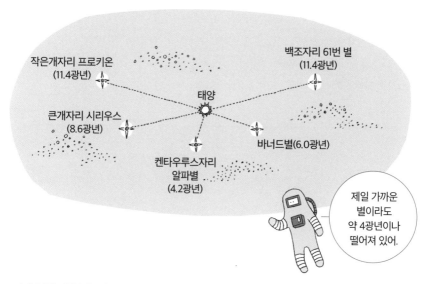

다양한 천체까지의 거리

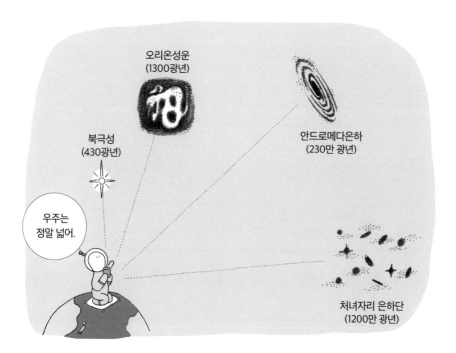

켄타우루스자리 알파별

켄타우루스자리 알파별은 태양계에 가장 가까운 항성이다. 이 별은 사실 3개의 별로 된 3중성(177쪽)을 이루고 있다. 세 개의 별 중에서 태양에 제일 가까운 **프록시마 켄타우리**까지의 거리는 약 4.2광년이다.

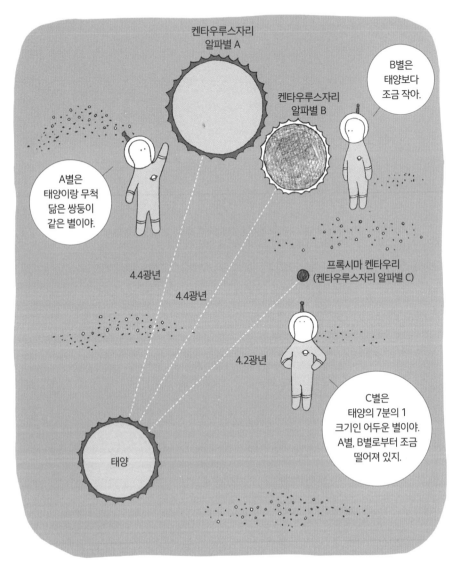

켄타우루스자리
알파별 A

켄타우루스자리
알파별 B

B별은
태양보다
조금 작아.

A별은
태양이랑 무척
닮은 쌍둥이
같은 별이야.

4.4광년

4.4광년

프록시마 켄타우리
(켄타우루스자리 알파별 C)

4.2광년

태양

C별은
태양의 7분의 1
크기인 어두운 별이야.
A별, B별로부터 조금
떨어져 있지.

프록시마 켄타우리는 바다가 있는 행성을 갖고 있다?

프록시마 켄타우리는 지구 크기의 행성을 가지고 있는데, 이 행성에 바다가 있을지도 몰라.

브레이크스루 스타샷
Breakthrough Starshot

켄타우루스자리 알파별에 우표 크기의 초고속 미니 탐사선을 보내자는 야심찬 프로젝트가 바로 브레이크스루 스타샷이다. 지구에서 이 미니 탐사선에 레이저 광선을 계속해서 쏘면 빛의 5분의 1 속도까지 가속시킬 수 있다. 그러면 단 20년 만에 약 4광년 거리에 있는 켄타우루스자리 알파별까지 도달하게 한다는 아이디어이다.

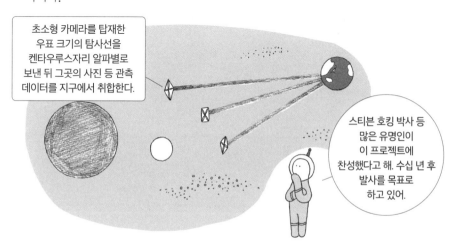

초소형 카메라를 탑재한 우표 크기의 탐사선을 켄타우루스자리 알파별로 보낸 뒤 그곳의 사진 등 관측 데이터를 지구에서 취합한다.

스티븐 호킹 박사 등 많은 유명인이 이 프로젝트에 찬성했다고 해. 수십 년 후 발사를 목표로 하고 있어.

1등성

항성의 밝기는 등급이라는 단위로 나타낸다. 약 2200년 전, 고대 그리스의 히파르코스(Hipparchos)가 처음으로 별의 밝기를 6단계로 분류했다. 무척 밝은 별을 1등성, 맨눈으로 겨우 볼 수 있는 어두운 별을 6등성으로 정했다.

0등성이나 −1등성도 있을까?

지금은 등급이 엄밀하게 규정되어서, 1등급은 6등급보다 약 100배 밝다. 또, 0등급이나 −1등급 혹은 7등급과 8등급 등 1~6등급의 양쪽으로 더욱 확장되어 소수점도 쓰게 되었다.

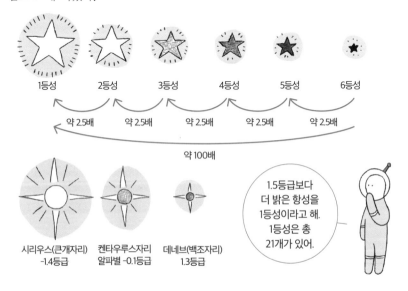

태양은 몇 등성?

태양은 1등성에 포함되지 않는다. 태양의 밝기는 −26.7등급이다.

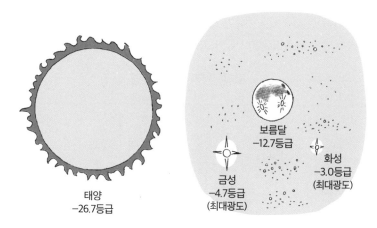

태양
−26.7등급

보름달
−12.7등급

금성
−4.7등급
(최대광도)

화성
−3.0등급
(최대광도)

절대 등급

우리가 관측하는 별의 등급은 지구에서 봤을 때의 '겉보기 밝기'이다. 별의 원래 밝기가 똑같아도 가까이에 있으면 더 밝게 보이고 멀리 있으면 더 어둡게 보인다. 그래서 별을 지구로부터 32.6광년(10파섹, 171쪽) 떨어진 거리에 두었다고 가정했을 때의 밝기를 절대 등급이라고 부르며, 별의 원래 밝기를 나타내는 지표로 삼고 있다.

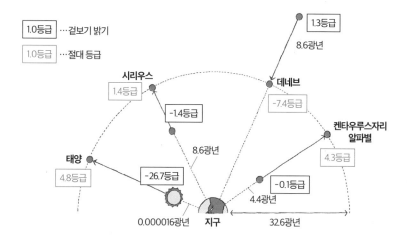

1.0등급 …겉보기 밝기

1.0등급 …절대 등급

1.3등급
8.6광년

시리우스
1.4등급
−1.4등급

데네브
−7.4등급

켄타우루스자리 알파별
4.3등급

8.6광년

태양
4.8등급
−26.7등급

−0.1등급
4.4광년

0.000016광년   지구   32.6광년

고유명

항성의 이름에는 다양한 종류가 있다. 비교적 밝은 항성에는 그리스 신화나 아랍어 등에서 유래한 **고유명**이 붙어 있다.

오리온자리 별의 고유명

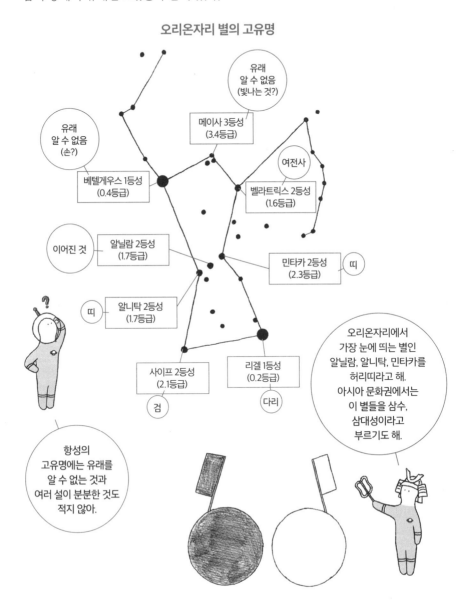

유래
알 수 없음
(빛나는 것?)

메이사 3등성
(3.4등급)

유래
알 수 없음
(손?)

여전사

베텔게우스 1등성
(0.4등급)

벨라트릭스 2등성
(1.6등급)

이어진 것

알닐람 2등성
(1.7등급)

민타카 2등성
(2.3등급)

띠

띠

알니탁 2등성
(1.7등급)

사이프 2등성
(2.1등급)

리겔 1등성
(0.2등급)

검

다리

오리온자리에서
가장 눈에 띄는 별인
알닐람, 알니탁, 민타카를
허리띠라고 해.
아시아 문화권에서는
이 별들을 삼수,
삼대성이라고
부르기도 해.

항성의
고유명에는 유래를
알 수 없는 것과
여러 설이 분분한 것도
적지 않아.

바이어 명명법

바이어 명명법(바이어 부호라고도 한다.)은 17세기에 독일의 아마추어 천문가 요한 바이어(Johan Bayer)가 고안한 항성 명명법이다. 별자리마다 밝은 순서대로 알파, 베타, 감마…… 이렇게 그리스 문자로 별에 이름을 붙였다. 별로 밝지 않고 고유명이 없는 항성은 바이어 명명법으로 이름이 붙은 경우가 많다.

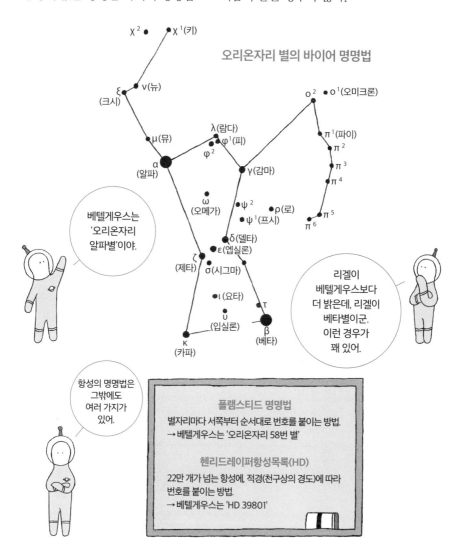

오리온자리 별의 바이어 명명법

베텔게우스는 '오리온자리 알파별'이야.

리겔이 베텔게우스보다 더 밝은데, 리겔이 베타별이군. 이런 경우가 꽤 있어.

항성의 명명법은 그밖에도 여러 가지가 있어.

플램스티드 명명법

별자리마다 서쪽부터 순서대로 번호를 붙이는 방법.
→ 베텔게우스는 '오리온자리 58번 별'

헨리드레이퍼항성목록(HD)

22만 개가 넘는 항성에, 적경(천구상의 경도)에 따라 번호를 붙이는 방법.
→ 베텔게우스는 'HD 39801'

별의 일주 운동

별의 일주 운동은 지구 자전 때문에 모든 별이 동쪽에서 서쪽으로 이동하는 것을 말한다. 일주 운동의 주기는 지구의 자전 주기(53쪽)와 같은 23시간 56분 4초이다.

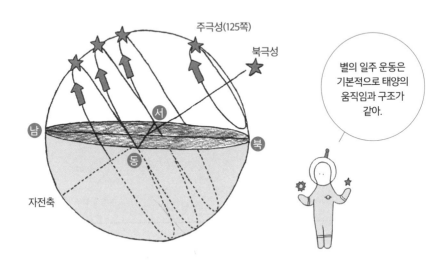

주극성(125쪽)

북극성

자전축

별의 일주 운동은 기본적으로 태양의 움직임과 구조가 같아.

동→남→서로 움직이는 별

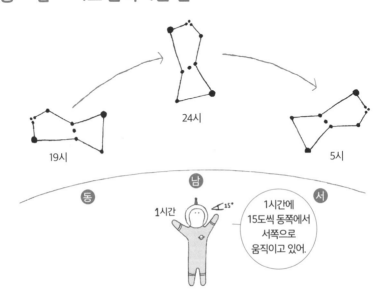

19시

24시

5시

1시간에 15도씩 동쪽에서 서쪽으로 움직이고 있어.

북쪽 하늘의 별은 어떻게 움직일까?

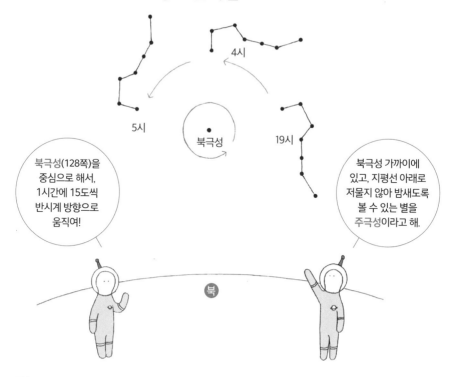

북극성(128쪽)을 중심으로 해서, 1시간에 15도씩 반시계 방향으로 움직여!

북극성 가까이에 있고, 지평선 아래로 저물지 않아 밤새도록 볼 수 있는 별을 주극성이라고 해.

적도, 북극, 남극에서 별은 어떻게 움직일까?

적도에서 별은 동쪽 지평선에 수직으로 떠오르며, 서쪽 지평선에 수직으로 저문다. 반면, 북극과 남극에서 별은 지평선에 평행으로 돈다.

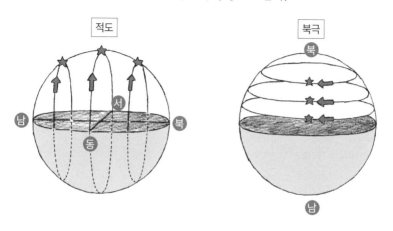

북극성

북극성(작은곰자리 알파별, 고유명 폴라리스)은 지구의 자전축을 북극 쪽으로 연장시킨 그 끝, 그러니까 천구의 북극 바로 근처에 있다. 지구에서 보면 밤새도록 거의 그 자리에 있고, 북쪽 하늘의 별들이 북극성을 중심으로 원운동을 하는 것처럼 보인다.

북극성은 어떻게 찾아낼까?

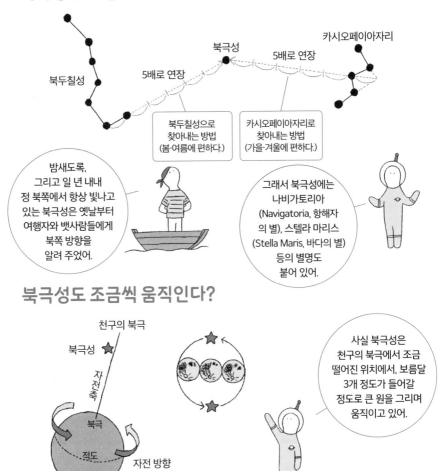

북두칠성

북극성

5배로 연장

5배로 연장

카시오페이아자리

북두칠성으로 찾아내는 방법 (봄·여름에 편하다.)

카시오페이아자리로 찾아내는 방법 (가을·겨울에 편하다.)

밤새도록, 그리고 일 년 내내 정 북쪽에서 항상 빛나고 있는 북극성은 옛날부터 여행자와 뱃사람들에게 북쪽 방향을 알려 주었어.

그래서 북극성에는 나비가토리아 (Navigatoria, 항해자의 별), 스텔라 마리스 (Stella Maris, 바다의 별) 등의 별명도 붙어 있어.

북극성도 조금씩 움직인다?

천구의 북극

북극성

자전축

북극

적도

자전 방향

남극

천구의 남극

사실 북극성은 천구의 북극에서 조금 떨어진 위치에서, 보름달 3개 정도가 들어갈 정도로 큰 원을 그리며 움직이고 있어.

1만 2000년 후에는 '직녀성'이 북극성이 된다고?

지구 자전축의 방향은, 뱅글뱅글 도는 팽이가 머리를 흔들면서 돌 듯이 약 2만 6000년 주기로 머리 흔들기 운동(세차 운동)을 한다. 자전축의 방향이 바뀌면 천구의 북극도 방향이 달라지기 때문에, 북극성도 다른 별로 바뀌게 된다.

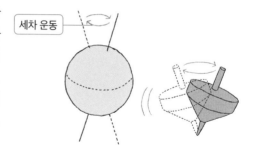

세차 운동

북극성의 변화

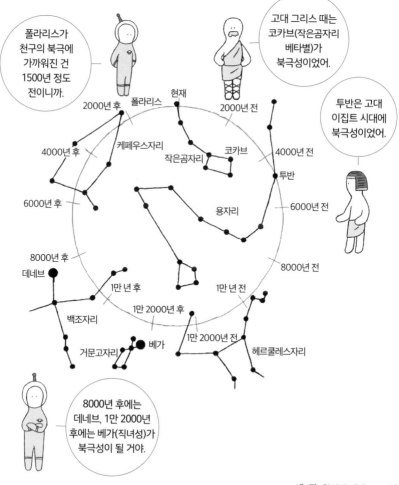

폴라리스가 천구의 북극에 가까워진 건 1500년 정도 전이니까.

고대 그리스 때는 코카브(작은곰자리 베타별)가 북극성이었어.

투반은 고대 이집트 시대에 북극성이었어.

8000년 후에는 데네브, 1만 2000년 후에는 베가(직녀성)가 북극성이 될 거야.

2000년 후 폴라리스 현재
4000년 후 케페우스자리 2000년 전
케페우스자리 작은곰자리 코카브 4000년 전
6000년 후 코카브 투반
용자리 6000년 전
8000년 후 8000년 전
데네브 1만 년 후 1만 년 전
백조자리 1만 2000년 후 1만 2000년 전
거문고자리 베가 헤르쿨레스자리

별의 연주 운동 Annual motion

별의 연주 운동은 지구 공전 때문에 같은 시각에 보이는 별의 위치가 매일 밤 약 1도씩 서쪽으로 이동하는 것을 말한다. 계절에 따라 보이는 별자리가 다른 이유는 별의 연주 운동 때문이다.

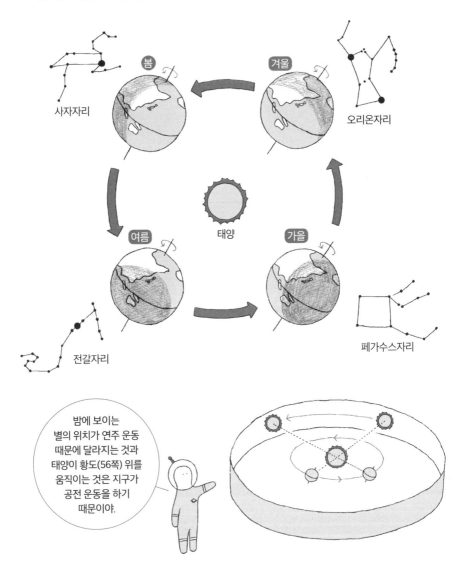

사자자리

봄

겨울

오리온자리

태양

여름

가을

전갈자리

페가수스자리

밤에 보이는 별의 위치가 연주 운동 때문에 달라지는 것과 태양이 황도(56쪽) 위를 움직이는 것은 지구가 공전 운동을 하기 때문이야.

12 ecliptical constellations

황도 12궁이란 황도(56쪽)상에 있는 12개의 별자리를 말한다. **별점**을 볼 때 흔히 쓰는 'ㅇㅇ자리 생일'이란 '태어났을 때 태양이 어느 별자리와 가까웠는지(황도상의 어디에 있었는지)를 가리킨다. 그래서 밤하늘에 그 별자리가 보이는 때는 약 반 년 후이다.

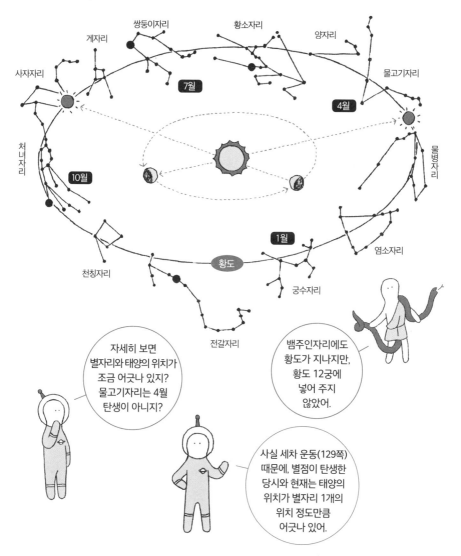

자세히 보면 별자리와 태양의 위치가 조금 어긋나 있지? 물고기자리는 4월 탄생이 아니지?

뱀주인자리에도 황도가 지나가지만, 황도 12궁에 넣어 주지 않았어.

사실 세차 운동(129쪽) 때문에, 별점이 탄생한 당시와 현재는 태양의 위치가 별자리 1개의 위치 정도만큼 어긋나 있어.

별자리

지금으로부터 약 4000년 전, 메소포타미아 사람들은 밤하늘에 빛나는 별이 늘어서 있는 모습에 동물과 전설의 영웅, 신 등의 모습을 상상했다. 그것이 후에 고대 그리스에 전해지면서 그리스 신화, 전설과 이어졌고, 현재 우리가 아는 **별자리**의 주된 이야기가 되었다.

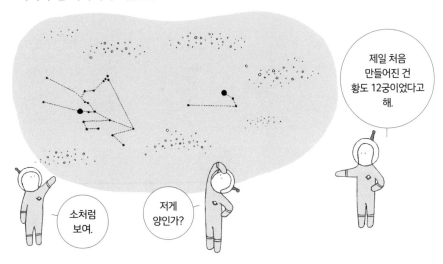

제일 처음 만들어진 건 황도 12궁이었다고 해.

소처럼 보여.

저게 양인가?

톨레미의 48개 별자리란 무엇일까?

약 1900년 전, 고대 로마 시대의 천문학자 **프톨레마이오스**(영어로는 톨레미, 66쪽)는 지역마다 달랐던 별자리를 48개로 정리했다. 이를 **톨레미의 48개 별자리**라고 부르는데, 현재 북쪽 하늘의 별자리이다.

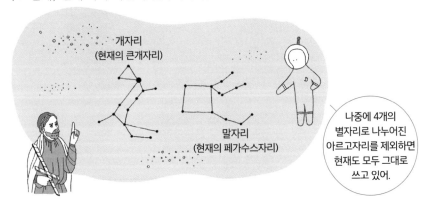

개자리
(현재의 큰개자리)

말자리
(현재의 페가수스자리)

나중에 4개의 별자리로 나누어진 아르고자리를 제외하면 현재도 모두 그대로 쓰고 있어.

남쪽 하늘의 별자리는 어떻게 정했을까?

지금으로부터 500년 전, 이른바 '대항해 시대'에 유럽인들은 배를 타고 남반구를 모험했는데, 그때 보았던 남쪽 하늘의 별에도 별자리를 그렸다.

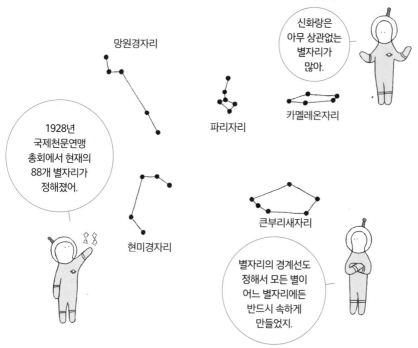

신화랑은 아무 상관없는 별자리가 많아.

망원경자리

파리자리

카멜레온자리

1928년 국제천문연맹 총회에서 현재의 88개 별자리가 정해졌어.

현미경자리

큰부리새자리

별자리의 경계선도 정해서 모든 별이 어느 별자리에든 반드시 속하게 만들었지.

별자리를 형성하는 별들은 멀리 떨어져 있다?

별자리를 만드는 별들은 서로 가까이에 있는 것처럼 보이지만, 지구에서 올려다봤을 때 그렇게 보일 뿐 실제로는 공간적으로 멀리 떨어져 있는 별들도 적지 않다.

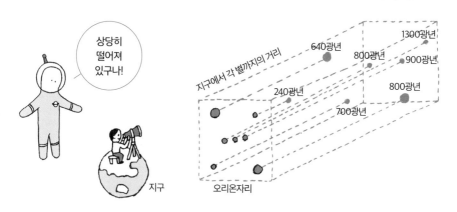

상당히 떨어져 있구나!

지구

지구에서 각 별까지의 거리

640광년

1300광년

800광년

900광년

240광년

800광년

700광년

오리온자리

봄의 대곡선

봄철에 밤하늘을 올려다보면 높은 쪽에서 '국자' 모양의 **북두칠성**을 볼 수 있다. 그 '자루' 부분에 해당하는 4개의 별에서 곡선을 그리듯 선을 이어나가 보면 오렌지색으로 빛나는 목동자리의 1등성 **아르크투루스**가 보인다. 거기서 더 나아가면 처녀자리의 청백색 1등성 **스피카**에 당도한다. 이를 **봄의 대곡선**이라고 부른다.

봄철 대표적인 별자리

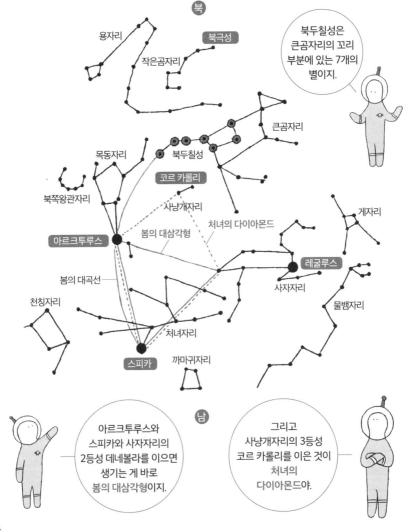

북

용자리
북극성
작은곰자리
북두칠성은 큰곰자리의 꼬리 부분에 있는 7개의 별이지.

큰곰자리
목동자리
북두칠성
코르 카롤리
북쪽왕관자리
사냥개자리
처녀의 다이아몬드
게자리
아르크투루스
봄의 대삼각형
레굴루스
봄의 대곡선
사자자리
천칭자리
물뱀자리
처녀자리
스피카
까마귀자리

남

아르크투루스와 스피카와 사자자리의 2등성 데네볼라를 이으면 생기는 게 바로 봄의 대삼각형이지.

그리고 사냥개자리의 3등성 코르 카롤리를 이은 것이 처녀의 다이아몬드야.

여름의 대삼각형

장마가 끝날 때 즈음, 밤 9시경에 동쪽 하늘을 올려다보면 밝게 빛나는 3개의 1등성이 큰 삼각형을 그리고 있다. 거문고자리의 **베가**, 독수리자리의 **알타이르**, 백조자리의 **데네브**가 그리는 삼각형을 **여름의 대삼각형**이라고 부르는데, 환한 도시에서도 밤에 충분히 관측할 수 있다.

여름철 대표적인 별자리

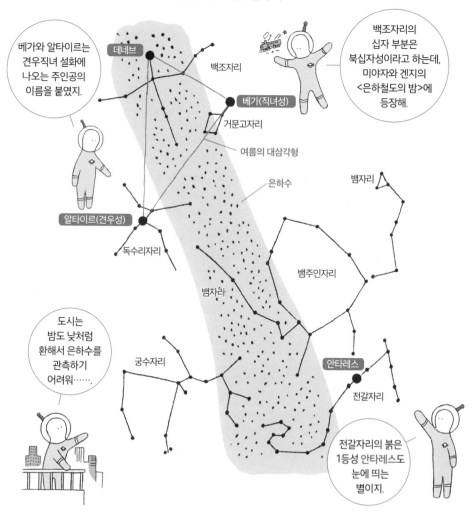

가을의 대사각형 Great square of Pegasus

가을철 밤하늘에는 밝은 별이 적어서 쓸쓸한 느낌이 든다. 그중에서 눈에 띄는 것은 거의 90도 위 하늘에서 빛나는 4개의 밝은 별이 그리는 커다란 사각형인데, 이것을 **가을의 대사각형**(또는 **페가수스 사각형**)이라고 부른다. 날개 돋친 말 페가수스의 몸통에 해당하는 부분이다.

가을철 대표적인 별자리

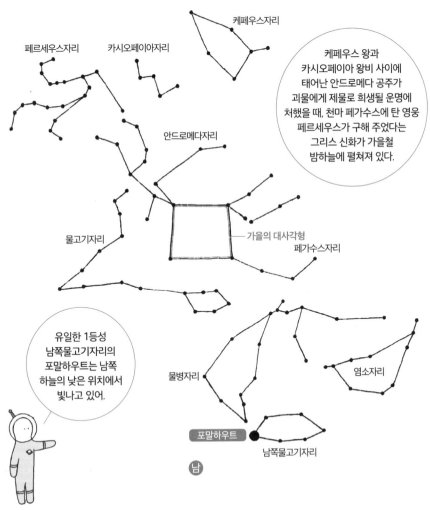

케페우스자리

페르세우스자리

카시오페이아자리

> 케페우스 왕과 카시오페이아 왕비 사이에 태어난 안드로메다 공주가 괴물에게 제물로 희생될 운명에 처했을 때, 천마 페가수스에 탄 영웅 페르세우스가 구해 주었다는 그리스 신화가 가을철 밤하늘에 펼쳐져 있다.

안드로메다자리

물고기자리

가을의 대사각형

페가수스자리

> 유일한 1등성 남쪽물고기자리의 포말하우트는 남쪽 하늘의 낮은 위치에서 빛나고 있어.

물병자리

염소자리

포말하우트

남쪽물고기자리

남

겨울의 다이아몬드

겨울의 밤하늘은 1년 중 가장 화려하다. 오리온자리의 **베텔게우스**, 큰개자리의
시리우스, 작은개자리의 **프로키온**까지, 세 개의 1등성을 이으면 정삼각형이 되는
데, 이것을 **겨울의 대삼각형**이라고 부른다. 게다가 여섯 개의 1등성을 잇는 화려
한 **겨울의 다이아몬드**(겨울의 대육각형)도 반짝반짝 빛난다.

겨울철 대표적인 별자리

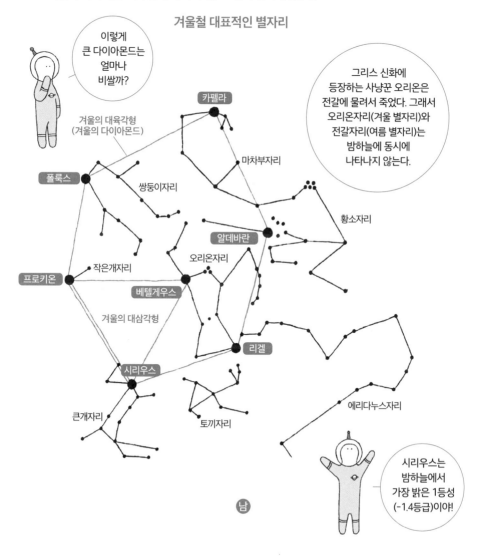

이렇게 큰 다이아몬드는 얼마나 비쌀까?

그리스 신화에 등장하는 사냥꾼 오리온은 전갈에 물려서 죽었다. 그래서 오리온자리(겨울 별자리)와 전갈자리(여름 별자리)는 밤하늘에 동시에 나타나지 않는다.

겨울의 대육각형 (겨울의 다이아몬드)

카펠라

마차부자리

폴룩스

쌍둥이자리

황소자리

알데바란

오리온자리

프로키온

작은개자리

베텔게우스

겨울의 대삼각형

리겔

시리우스

큰개자리

토끼자리

에리다누스자리

남

시리우스는 밤하늘에서 가장 밝은 1등성 (-1.4등급)이야!

남십자성

남쪽 하늘의 별자리(남반구에서 보이는 별자리)는 우리가 사는 북반구에서는 거의 볼 수 없다. 하지만 유명한 **남십자성**(남십자자리)이나, 태양계에 가장 가까운 항성인 **켄타우루스자리 알파별**은 북반구의 남쪽 지역에서는 관측이 가능하다.

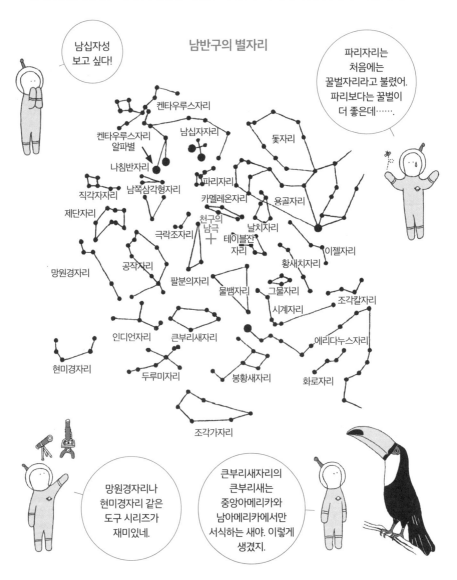

남반구의 별자리

남십자성 보고 싶다!

파리자리는 처음에는 꿀벌자리라고 불렸어. 파리보다는 꿀벌이 더 좋은데…….

켄타우루스자리
켄타우루스자리 알파별
나침반자리
직각자리
남쪽삼각형자리
제단자리
망원경자리
공작자리
인디언자리
현미경자리
두루미자리
남십자자리
파리자리
카멜레온자리
극락조자리
천구의 남극
팔분의자리
큰부리새자리
봉황새자리
돛자리
용골자리
날치자리
테이블산자리
물뱀자리
그물자리
시계자리
조각가자리
이젤자리
황새치자리
조각칼자리
에리다누스자리
화로자리

망원경자리나 현미경자리 같은 도구 시리즈가 재미있네.

큰부리새자리의 큰부리새는 중앙아메리카와 남아메리카에서만 서식하는 새야. 이렇게 생겼지.

28수

28수란 고대 중국에서 생각했던 별자리를 말한다. 동서남북으로 각각 동방 7수, 서방 7수 남방 7수, 북방 7수 등 28수로 구성된 동양의 별자리이다.

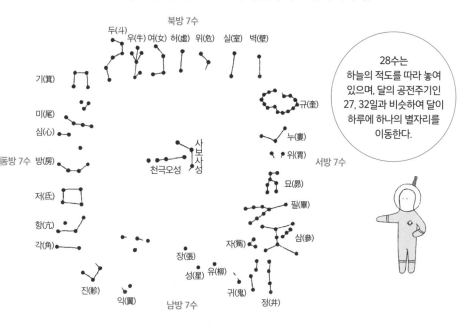

28수는 하늘의 적도를 따라 놓여 있으며, 달의 공전주기인 27, 32일과 비슷하여 달이 하루에 하나의 별자리를 이동한다.

잉카의 별자리

Dark constellations of the Incas

고대 잉카의 사람들은 무수한 별이 빛나는 밤하늘을 올려다보며, 별을 이은 별자리가 아니라 별이 보이지 않는 어두운 영역에 안데스 동물들의 모습을 그려 넣으며 별자리를 만들었다.

어두운 영역의 정체는 암흑 물질 (142쪽)이야.

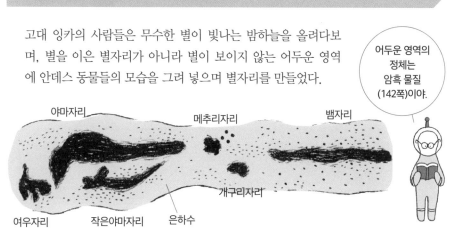

성간 물질

'우주 공간은 진공이다.'라는 말을 자주 들어보았을 것이다. 하지만 사실 우주 공간은 완전한 진공이 아니고, 가스(수소 등)와 티끌(탄소와 규소 등)의 물질이 아주 조금 존재한다. 이러한 것들을 **성간 물질**이라고 부른다.

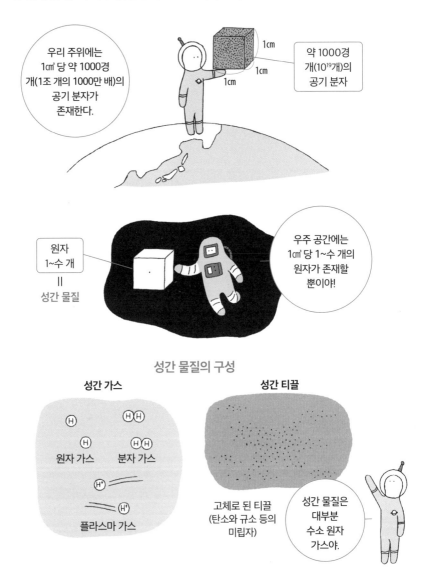

우리 주위에는 1㎤ 당 약 1000경 개(1조 개의 1000만 배)의 공기 분자가 존재한다.

1cm
1cm
1cm

약 1000경 개(10^{19}개)의 공기 분자

원자 1~수 개
||
성간 물질

우주 공간에는 1㎤ 당 1~수 개의 원자가 존재할 뿐이야!

성간 물질의 구성

성간 가스

H
H H

원자 가스   분자 가스

H$^+$

H$^+$

플라스마 가스

성간 티끌

고체로 된 티끌 (탄소와 규소 등의 미립자)

성간 물질은 대부분 수소 원자 가스야.

성간운

성간 물질이 주위보다 촘촘하게 모여 구름을 형성하고 있는 것을 **성간운**이라고 한다. 성간운이 주변에 있는 별의 빛을 반사하거나, 뒤에 있는 별의 빛을 감추어 우리에게 관측되면 성운(26쪽)이라고 부른다.

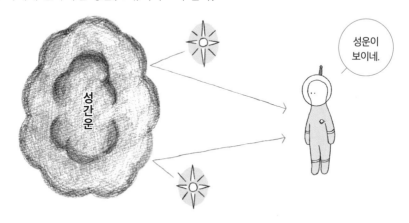

성운이
보이네.

성간운

메시에 천체

메시에 천체는 프랑스의 천문학자 샤를 메시에(Charles Messier, 1730~1817)가 작성한 성운·성단·은하들의 목록을 정리한 **메시에 목록**에 실려 있는 천체이다. 메시에의 머리글자를 따서 M1, M2…… 등으로 표기한다. 일부 결번이 있지만 M110까지 있다.

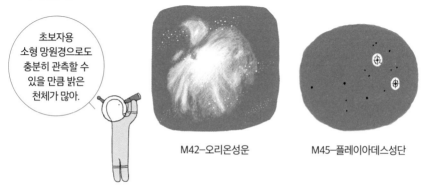

초보자용
소형 망원경으로도
충분히 관측할 수
있을 만큼 밝은
천체가 많아.

M42―오리온성운

M45―플레이아데스성단

암흑 성운

성운은 형태와 색깔 등에 따라 몇 가지 종류로 나뉜다. **암흑 성운**은 성간운이 뒤에 있는 별의 빛을 가려서 검게 보이는 천체의 무리이다.

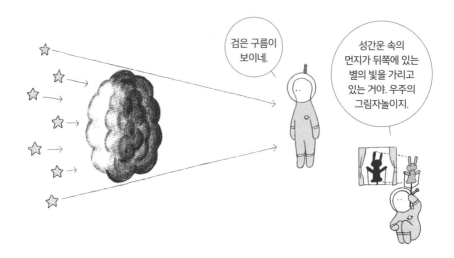

검은 구름이 보이네.

성간운 속의 먼지가 뒤쪽에 있는 별의 빛을 가리고 있는 거야. 우주의 그림자놀이지.

말머리성운

말머리성운은 오리온자리에 있는 유명한 암흑 성운이다. 말 그대로 말 머리 같은 모양이다.

뒤쪽에 있는 발광 성운(144쪽)의 빛을 가리고 있어.

석탄자루

석탄자루(콜색)란 남십자성(남십자자리) 근처에 있는 유명한 암흑 성운이다. 은하수의 빛을 가려서 검은 점처럼 보인다.

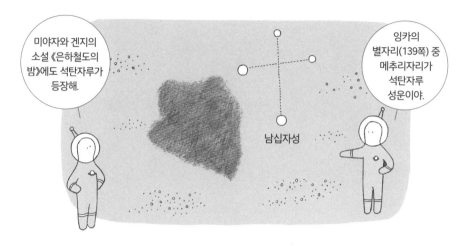

미야자와 겐지의 소설《은하철도의 밤》에도 석탄자루가 등장해.

잉카의 별자리(139쪽) 중 메추리자리가 석탄자루 성운이야.

남십자성

창조의 기둥

Pillars of Creation

창조의 기둥이란 뱀자리의 꼬리 쪽에 위치한 독수리성운(M16)의 중심에 있는 암흑 성운이다. 허블 우주 망원경(296쪽)이 그 웅장한 모습을 촬영해서 화제가 되었다.

성운(26쪽)은 '별의 요람'이라고 했어. 창조의 기둥이라는 이름에 걸맞게 정말 이 안에서 새로운 별이 탄생해.

발광 성운

발광 성운은 스스로 빛을 내는 성운이다. 내부에 있는 별빛, 초신성(22쪽)의 폭풍에 의해 성간운의 온도가 높아지고 전이되면(원자가 원자핵과 전자로 분리되는 것) 빛을 내뿜으며 발광 성운으로 관측된다.

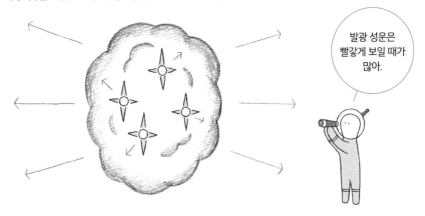

발광 성운은 빨갛게 보일 때가 많아.

반사 성운

반사 성운은 주변에 있는 별의 빛을 반사하며 빛나는 성운이다. 성간운 속의 티끌이 빛을 반사하기 때문에 빛나는 것처럼 보인다.

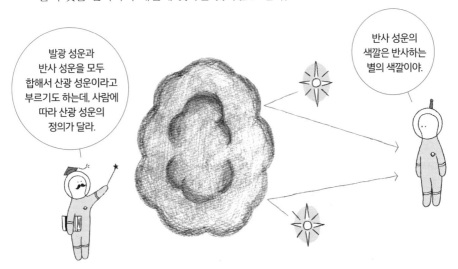

발광 성운과 반사 성운을 모두 합해서 산광 성운이라고 부르기도 하는데, 사람에 따라 산광 성운의 정의가 달라.

반사 성운의 색깔은 반사하는 별의 색깔이야.

오리온성운

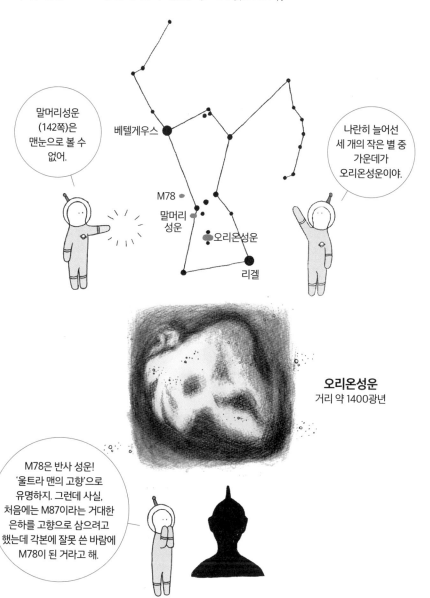

Orion Nebula

오리온성운(M42)은 오리온자리의 중앙에 있는 세 별과 가까운 커다란 발광 성운이다. 맨눈으로도 충분히 볼 수 있을 정도로 밝고 크다.

말머리성운(142쪽)은 맨눈으로 볼 수 없어.

나란히 늘어선 세 개의 작은 별 중 가운데가 오리온성운이야.

베텔게우스

M78

말머리
성운

오리온성운

리겔

오리온성운
거리 약 1400광년

M78은 반사 성운!
'울트라 맨의 고향'으로
유명하지. 그런데 사실,
처음에는 M87이라는 거대한
은하를 고향으로 삼으려고
했는데 각본에 잘못 쓴 바람에
M78이 된 거라고 해.

분자운

분자운은 주로 수소 분자로 이루어진 성간운이다. 성간운의 밀도가 아주 많이 높아지면 수소는 원자가 아니라, 원자 두 개가 결합한 분자 상태로 존재할 수 있게 되어 분자운이 된다.

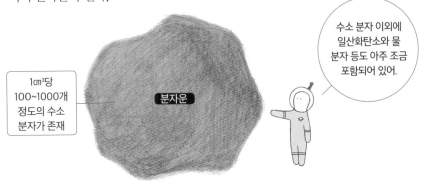

1㎤당
100~1000개
정도의 수소
분자가 존재

분자운

수소 분자 이외에
일산화탄소와 물
분자 등도 아주 조금
포함되어 있어.

분자운 핵

분자운 중에서 어떠한 이유 때문에 밀도가 100배 이상 더 높아진 것을 **분자운 핵** (61쪽)이라고 한다. 이 분자운 핵이 태양 등 항성을 만들어 내는 직접적인 '모태'가 되었을 것으로 짐작하고 있다.

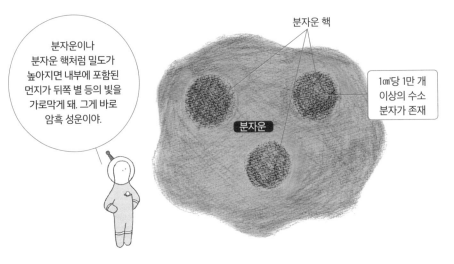

분자운이나
분자운 핵처럼 밀도가
높아지면 내부에 포함된
먼지가 뒤쪽 별 등의 빛을
가로막게 돼. 그게 바로
암흑 성운이야.

분자운 핵

1㎤당 1만 개
이상의 수소
분자가 존재

분자운

원시별

분자운 핵이 점점 수축해서 밀도와 온도가 올라가면 중심부에 고온의 덩어리가 생긴다. 이것이 아기별인 **원시별**이다(태양의 경우는 원시 태양이라고 한다, 60쪽). 원시별은 분자운 핵의 짙은 가스 속에 가려서 보이지 않지만, 가스로 인해 온도가 올라가 적외선을 내보내기 때문에 그 적외선을 관측할 수 있다.

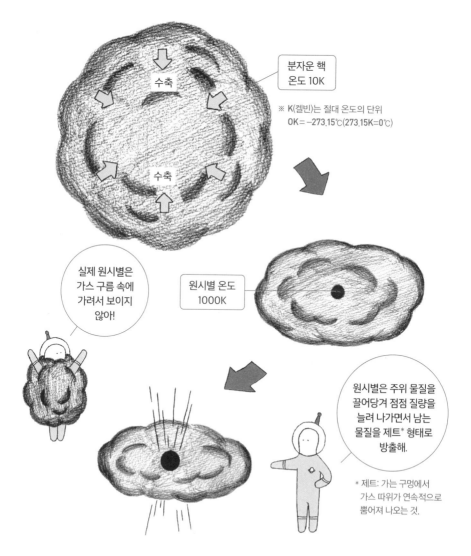

분자운 핵
온도 10K

※ K(켈빈)는 절대 온도의 단위
OK=−273.15℃(273.15K=0℃)

수축

수축

실제 원시별은 가스 구름 속에 가려서 보이지 않아!

원시별 온도 1000K

원시별은 주위 물질을 끌어당겨 점점 질량을 늘려 나가면서 남는 물질을 제트* 형태로 방출해.

* 제트: 가는 구멍에서 가스 따위가 연속적으로 뿜어져 나오는 것.

T 타우리 별

T 타우리 별(황소자리 T형 별)은 원시별보다 성장한 단계의 별이다. 아직 핵융합은 일어나지 않았기 때문에 어엿한 어른별이 되기 전인 '미성년 별'이라고 할 수 있다. 높은 온도 때문에 빛나고 있어서 그 빛을 관측할 수 있다.

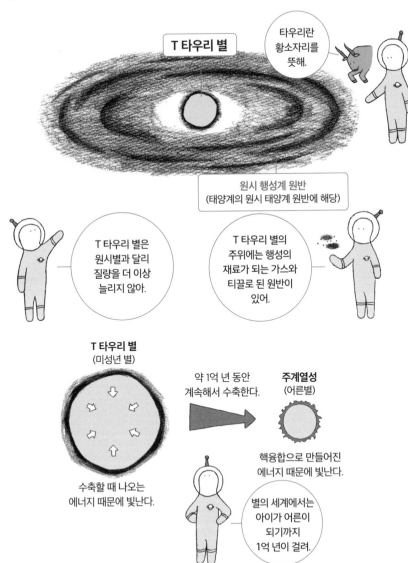

T 타우리 별

타우리란 황소자리를 뜻해.

원시 행성계 원반
(태양계의 원시 태양계 원반에 해당)

T 타우리 별은 원시별과 달리 질량을 더 이상 늘리지 않아.

T 타우리 별의 주위에는 행성의 재료가 되는 가스와 티끌로 된 원반이 있어.

T 타우리 별
(미성년 별)

약 1억 년 동안 계속해서 수축한다.

주계열성
(어른별)

수축할 때 나오는 에너지 때문에 빛난다.

핵융합으로 만들어진 에너지 때문에 빛난다.

별의 세계에서는 아이가 어른이 되기까지 1억 년이 걸려.

갈색 왜성

원시별이 충분한 질량을 얻지 못하면 수소 핵융합이 일어날 만큼 중심 온도가 올라가지 않아서, 최종적으로는 적외선을 내뿜는 천체가 된다. 이렇게 '항성이 되지 못한' 별을 **갈색 왜성**이라고 하는데, 태양의 8% 이하의 질량을 가진 별이 갈색 왜성이 된다.

원시별

점점 뚱뚱해져!

태양의 8%가 넘는 질량으로 몸집이 불어난다.

태양의 8% 이하인 질량밖에 되지 않는다.

항성(주계열성)
수소 핵융합이 일어나 안정적으로 빛난다.

갈색 왜성
수소 핵융합은 일어나지 않지만, 중수소의 핵융합이 딱 한 번 일어났다가 곧 끝나고 그 후 여열 때문에 적외선을 내뿜는다.

※ 중수소는 수소 원자(=양성자) 1개와 중성자 1개로 이루어져 있다.

항성

항성도 행성도 아닌, 중간 상태의 별이야.

갈색 왜성

행성

주계열성

주계열성이란 핵융합에 의해 안정적으로 빛나는 '어른별'을 말한다. 밤하늘에 빛나는 별들은 대부분 주계열성이다. 태양도 마찬가지다.

중력에 의해 수축

핵융합 에너지 때문에 팽창

팽창과 수축이 균형을 이루어서, 주계열성이 안정적으로 빛나는 거야.

주계열성으로 45억 년간 계속 불타오르고 있어.

앞으로 50억 년은 더 주계열성으로 열심히 일할 거야!

태양

일벌레네!

산개 성단

산개 성단은 비교적 젊은 별이 수십 개에서 수백 개 모인 무리(27쪽)이다. 같은 분자운 속에서 동시에 태어난 별들이 아직 뿔뿔이 흩어지지 않고 가까이에 있는 것이 산개 성단이다.

플레이아데스성단

플레이아데스성단(M45)은 황소자리에 있는 유명한 산개 성단이다. 수백 개의 별이 무리를 이루는데, 그중 여섯 개의 별은 맨눈으로 볼 수 있는 묘성이다. 탄생한 지 아직 6000만 년~1억 년 정도밖에 되지 않은 무척 젊은 항성 집단이다.

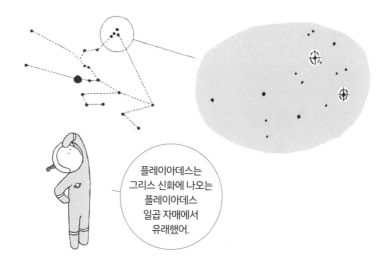

스펙트럼형

항성은 표면 온도에 차이가 나는데, 온도가 높은 순서대로 O형, B형, A형, F형, G형, K형, M형으로 분류된다. 이것을 항성의 **스펙트럼형**이라고 부른다. 또 온도 차이는 별의 색깔에서도 나타난다. 고온인 별일수록 청백색이고, 저온인 별은 붉게 보인다. 태양은 G형별로, 밤하늘에 떠 있다면 노랗게 보이는 별이다.

겨울철 밤하늘의 별과 스펙트럼형

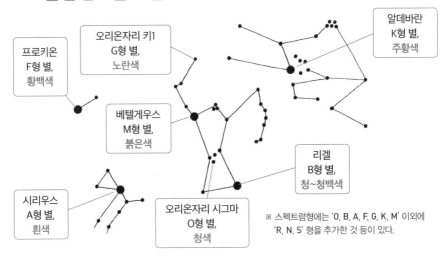

알데바란
K형 별,
주황색

오리온자리 키1
G형 별,
노란색

프로키온
F형 별,
황백색

베텔게우스
M형 별,
붉은색

리겔
B형 별,
청~청백색

시리우스
A형 별,
흰색

오리온자리 시그마
O형 별,
청색

※ 스펙트럼형에는 'O, B, A, F, G, K, M' 이외에 'R, N, S' 형을 추가한 것 등이 있다.

스펙트럼형의 순서 암기법

"Oh, Be A Fine Girl, Kiss Me!"
(오! 멋진 여자가 되어 키스해 줘!)

스펙트럼형으로 별의 무게 차이도 알 수 있다?

주계열성의 경우 표면 온도가 높을수록 질량이 큰(무거운) 별이 된다. 이를테면 O형 별은 태양(G형 별)보다도 수십 배 이상이나 질량이 커진다. 한편 M형 별은 태양의 5분의 1 정도의 질량밖에 되지 않는다.

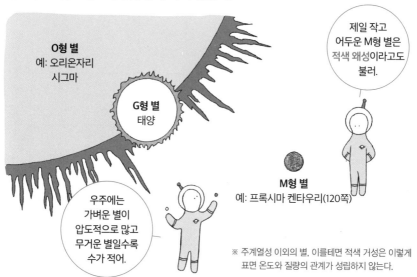

O형 별
예: 오리온자리 시그마

G형 별
태양

제일 작고 어두운 M형 별은 적색 왜성이라고도 불러.

M형 별
예: 프록시마 켄타우리(120쪽)

우주에는 가벼운 별이 압도적으로 많고 무거운 별일수록 수가 적어.

※ 주계열성 이외의 별, 이를테면 적색 거성은 이렇게 표면 온도와 질량의 관계가 성립하지 않는다.

무거운 별은 수명이 짧다?

무거운 별일수록 핵융합의 '연료'인 수소를 많이 가지고 있어서 수명이 길다고 생각하기 쉽다. 하지만 무거운 별일수록 중력이 강하고 중심부의 온도가 높다. 그래서 핵융합 반응이 격렬해 수소를 급격하게 소비하기 때문에, 오히려 수명이 짧다.

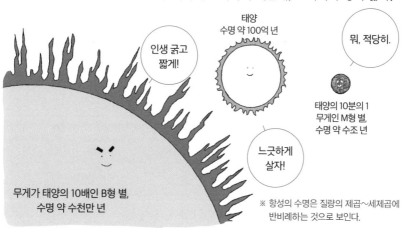

인생 굵고 짧게!

태양
수명 약 100억 년

뭐, 적당히.

태양의 10분의 1 무게인 M형 별, 수명 약 수조 년

느긋하게 살자!

무게가 태양의 10배인 B형 별, 수명 약 수천만 년

※ 항성의 수명은 질량의 제곱~세제곱에 반비례하는 것으로 보인다.

H-R도

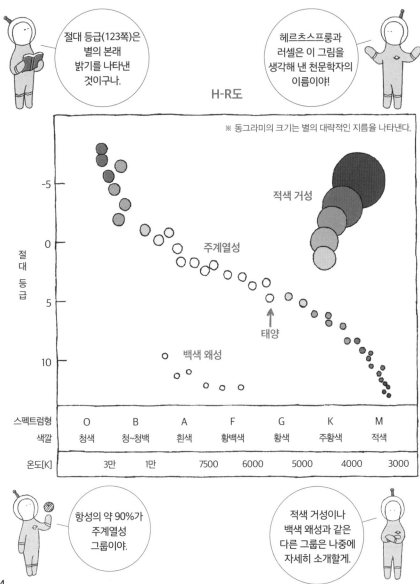

Hertzsprung–Russell diagram

H-R도(**헤르츠스프룽–러셀도**)란 가로축에 스펙트럼형(혹은 별의 색깔과 온도), 세로축에 별의 본래 밝기(절대 등급)를 표시한 항성의 분포도를 말한다. 항성은 H-R도를 통해 몇 개의 그룹으로 분류된다.

절대 등급(123쪽)은 별의 본래 밝기를 나타낸 것이구나.

헤르츠스프룽과 러셀은 이 그림을 생각해 낸 천문학자의 이름이야!

H-R도

※ 동그라미의 크기는 별의 대략적인 지름을 나타낸다.

적색 거성

주계열성

절대 등급

태양

백색 왜성

스펙트럼형	O	B	A	F	G	K	M
색깔	청색	청~청백	흰색	황백색	황색	주황색	적색
온도[K]	3만	1만	7500	6000	5000	4000	3000

항성의 약 90%가 주계열성 그룹이야.

적색 거성이나 백색 왜성과 같은 다른 그룹은 나중에 자세히 소개할게.

154

H–R도를 사용해 별까지의 거리를 측정해 보자!

우리 은하에서 어떤 항성까지의 거리는 H–R도를 이용해서 아래와 같은 방법으로 측정할 수 있다(단, 주계열성만).

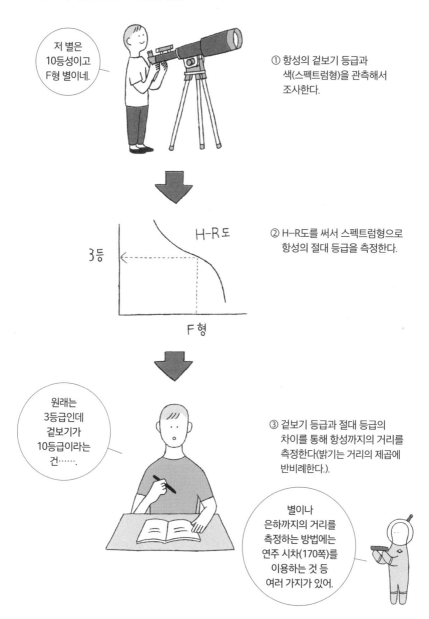

저 별은 10등성이고 F형 별이네.

① 항성의 겉보기 등급과 색(스펙트럼형)을 관측해서 조사한다.

H–R도

3등

F형

② H–R도를 써서 스펙트럼형으로 항성의 절대 등급을 측정한다.

원래는 3등급인데 겉보기가 10등급이라는 건……

③ 겉보기 등급과 절대 등급의 차이를 통해 항성까지의 거리를 측정한다(밝기는 거리의 제곱에 반비례한다.).

별이나 은하까지의 거리를 측정하는 방법에는 연주 시차(170쪽)를 이용하는 것 등 여러 가지가 있어.

적색 거성

적색 거성은 노년기에 접어든 별이다. 주계열성이 연료인 수소를 거의 다 쓰면 별의 중심부에 핵융합으로 생긴 헬륨이 계속 쌓이고, 남은 수소가 격렬하게 반응해서 대량의 열을 발산하여 별이 점점 거대해진다. 별이 거대해지면 표면 온도가 내려가기 때문에 붉게 보이면서 적색 거성이 된다.

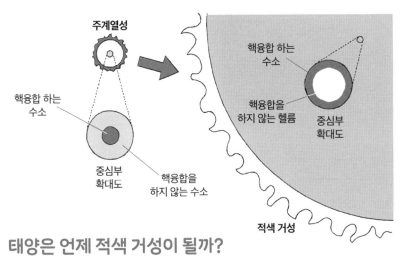

태양은 언제 적색 거성이 될까?

태양은 앞으로 50억 년은 주계열성으로서 안정적으로 불타겠지만 그 후에는 점차 몸집이 커지며 적색 거성이 될 것으로 보인다. 그렇게 되면 수성과 금성이 거대해진 태양에 잡아먹혀 증발해 버릴 것이다.

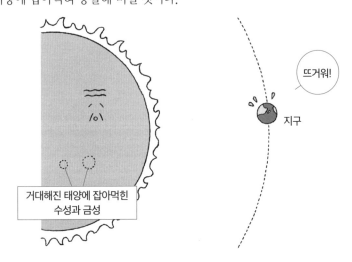

방패자리 UY별

적색 거성보다 더 큰 별을 **적색 초거성**이라고 한다. **방패자리 UY별**은 방패자리에 있는 적색 초거성이다. 지름은 태양의 약 1700배로 추정하기 때문에, 현재 알려져 있는 가장 거대한 항성이다.

대표적인 적색 거성, 적색 초거성의 크기 비교

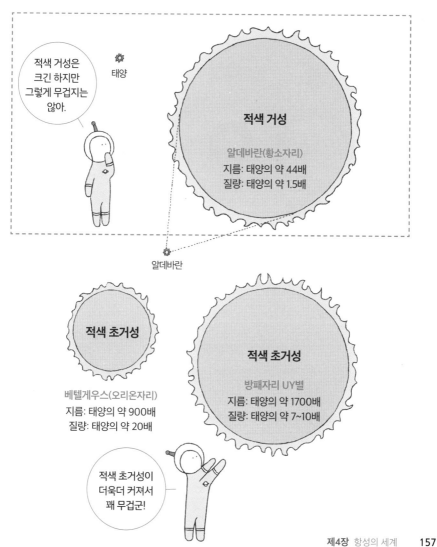

AGB 별

별의 일생에서 마지막 모습은 별의 무게에 따라 다르다. 태양과 같거나 태양의 8배 정도까지 되는 질량의 별은 적색 거성이 된 후 한 번 수축했다가 다시 거대해진다. 이를 AGB 별(점근거성계열 별)이라고 한다. 태양 같은 별의 마지막 모습이다.

태양의 노후에서 죽음까지 ①

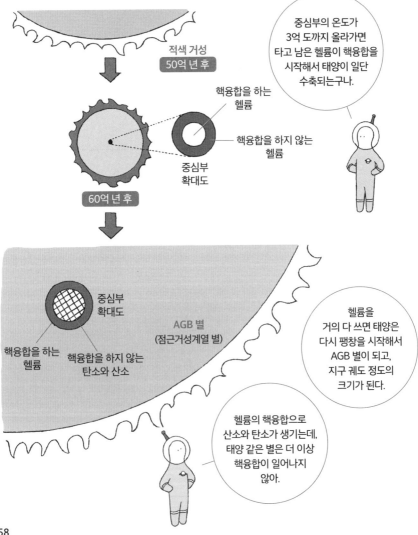

적색 거성
50억 년 후

중심부의 온도가
3억 도까지 올라가면
타고 남은 헬륨이 핵융합을
시작해서 태양이 일단
수축되는구나.

핵융합을 하는
헬륨

핵융합을 하지 않는
헬륨

중심부
확대도

60억 년 후

중심부
확대도

AGB 별
(점근거성계열 별)

핵융합을 하는
헬륨

핵융합을 하지 않는
탄소와 산소

헬륨을
거의 다 쓰면 태양은
다시 팽창을 시작해서
AGB 별이 되고,
지구 궤도 정도의
크기가 된다.

헬륨의 핵융합으로
산소와 탄소가 생기는데,
태양 같은 별은 더 이상
핵융합이 일어나지
않아.

백색 왜성

AGB 별은 별 전체가 팽창과 수축을 반복하며 태양의 가스를 주위에 방출하여, 끝에 가서는 별의 중심부가 드러난다. 별의 중심부는 자신의 중력으로 수축하고, 최종적으로 지구 크기에 고온의 흰색 별이 된다. 이것을 **백색 왜성**이라고 한다.

태양의 노후에서 죽음까지 ②

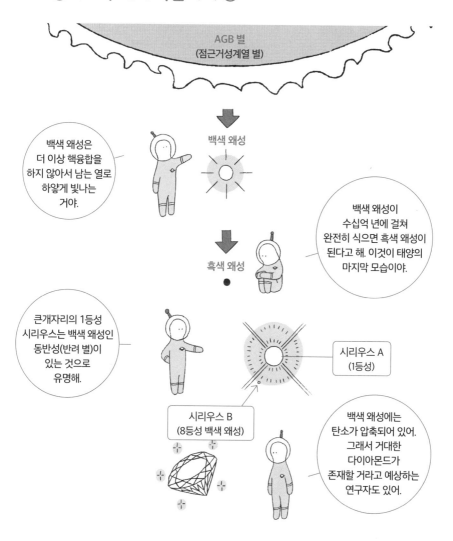

AGB 별
(점근거성계열 별)

백색 왜성

백색 왜성은 더 이상 핵융합을 하지 않아서 남는 열로 하얗게 빛나는 거야.

백색 왜성이 수십억 년에 걸쳐 완전히 식으면 흑색 왜성이 된다고 해. 이것이 태양의 마지막 모습이야.

흑색 왜성

큰개자리의 1등성 시리우스는 백색 왜성인 동반성(반려 별)이 있는 것으로 유명해.

시리우스 A
(1등성)

시리우스 B
(8등성 백색 왜성)

백색 왜성에는 탄소가 압축되어 있어. 그래서 거대한 다이아몬드가 존재할 거라고 예상하는 연구자도 있어.

행성상 성운

적색 거성과 AGB 별은 주위에 대량의 가스를 분출한다. 그것이 중심 별(백색 왜성의 전 단계에 있는 별)이 내뿜는 자외선을 받아 알록달록한 빛깔로 빛나는 것을 행성상 성운이라고 부른다. 일생이 끝나려고 하는 별이 보여 주는 환상적인 빛이다.

다양한 행성상 성운

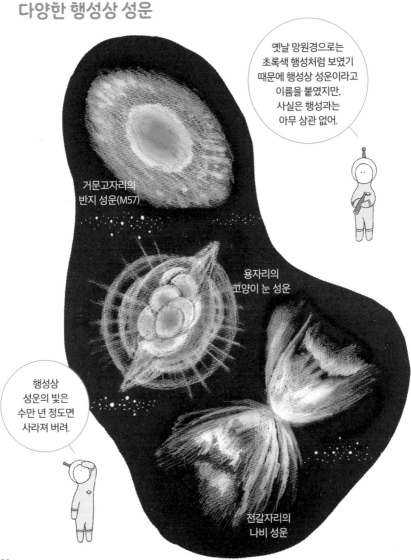

옛날 망원경으로는 초록색 행성처럼 보였기 때문에 행성상 성운이라고 이름을 붙였지만, 사실은 행성과는 아무 상관 없어.

거문고자리의 반지 성운(M57)

용자리의 고양이 눈 성운

행성상 성운의 빛은 수만 년 정도면 사라져 버려.

전갈자리의 나비 성운

160

신성

신성은 백색 왜성의 표면에서 폭발이 일어나 빛의 밝기가 일시적으로 수백 배에서 수백만 배에 이르는 현상을 말한다. 별이 새로 태어나는 것이 아니다. 또 초신성(22쪽)처럼 별 전체가 날아가는 것이 아니라 표면에서만 폭발이 일어난다.

신성(신성 폭발)의 구조

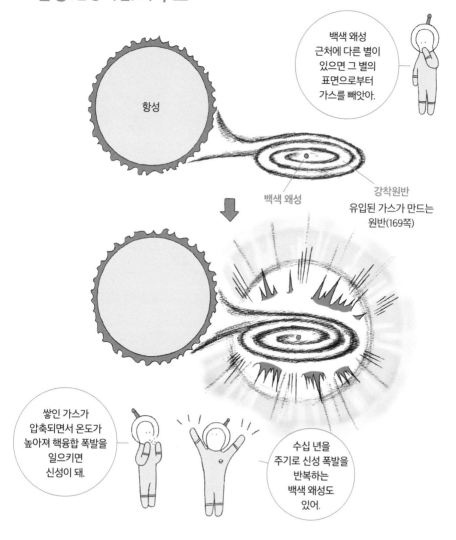

백색 왜성 근처에 다른 별이 있으면 그 별의 표면으로부터 가스를 빼앗아.

항성

백색 왜성

강착원반
유입된 가스가 만드는 원반(169쪽)

쌓인 가스가 압축되면서 온도가 높아져 핵융합 폭발을 일으키면 신성이 돼.

수십 년을 주기로 신성 폭발을 반복하는 백색 왜성도 있어.

중력 붕괴

중력 붕괴란 나이를 먹은 무거운 별이 자기 무게를 견디지 못하고 붕괴되는 현상을 말한다. 태양보다 8배 이상 무거운 별은 마지막에 중력 붕괴를 일으키며 별 전체가 사라지고 만다. 이것이 초신성(22쪽)이다.

별의 질량이 정하는 노후 모습

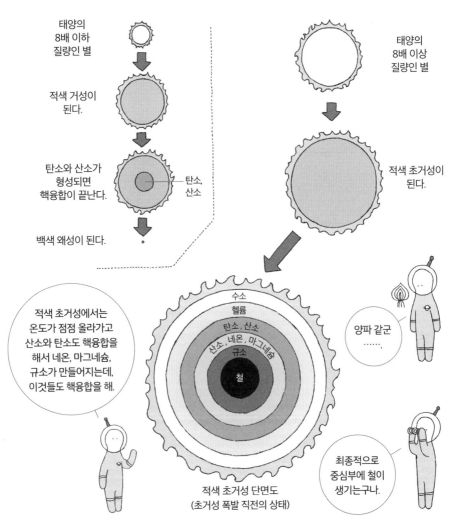

태양의
8배 이하
질량인 별

적색 거성이
된다.

탄소와 산소가
형성되면
핵융합이 끝난다.

탄소,
산소

백색 왜성이 된다.

태양의
8배 이상
질량인 별

적색 초거성이
된다.

적색 초거성에서는
온도가 점점 올라가고
산소와 탄소도 핵융합을
해서 네온, 마그네슘,
규소가 만들어지는데,
이것들도 핵융합을 해.

수소
헬륨
탄소, 산소
산소, 네온, 마그네슘
규소
철

양파 같군
…….

최종적으로
중심부에 철이
생기는구나.

적색 초거성 단면도
(초거성 폭발 직전의 상태)

162

철로 된 중심핵이 생긴 후에는 어떻게 될까?

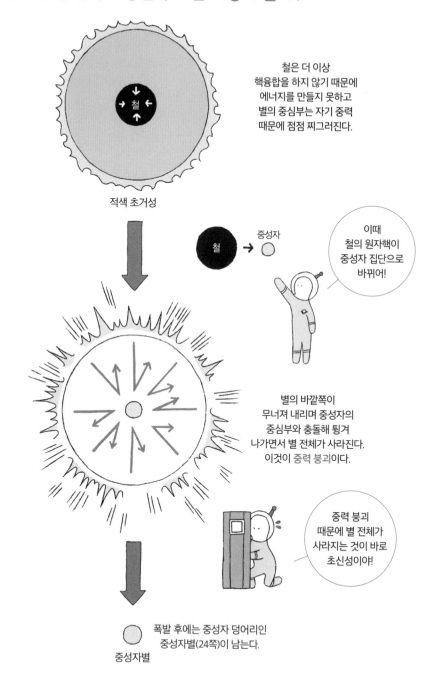

철은 더 이상
핵융합을 하지 않기 때문에
에너지를 만들지 못하고
별의 중심부는 자기 중력
때문에 점점 찌그러진다.

적색 초거성

철 → 중성자

이때
철의 원자핵이
중성자 집단으로
바뀌어!

별의 바깥쪽이
무너져 내리며 중성자의
중심부와 충돌해 튕겨
나가면서 별 전체가 사라진다.
이것이 중력 붕괴이다.

중력 붕괴
때문에 별 전체가
사라지는 것이 바로
초신성이야!

폭발 후에는 중성자 덩어리인
중성자별(24쪽)이 남는다.

중성자별

베텔게우스

오리온자리의 1등성 베텔게우스는 지름이 태양의 900배(다른 주장도 있다.)나 되는 거대한 적색 초거성이다. 별로서는 가장 노년인 상태이며, 천문학적 스케일로는 '조만간' 초신성 폭발이 일어날 것으로 보고 있다.

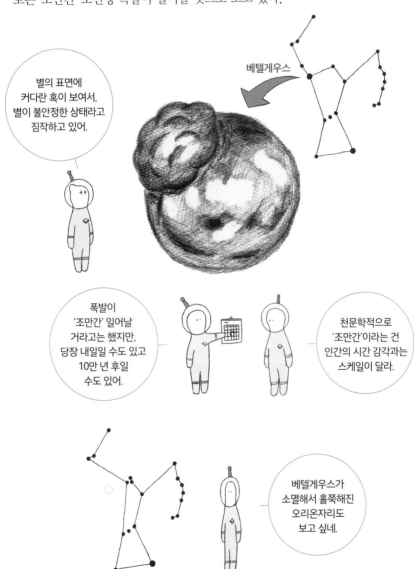

별의 표면에 커다란 혹이 보여서, 별이 불안정한 상태라고 짐작하고 있어.

베텔게우스

폭발이 '조만간' 일어날 거라고는 했지만, 당장 내일일 수도 있고 10만 년 후일 수도 있어.

천문학적으로 '조만간'이라는 건 인간의 시간 감각과는 스케일이 달라.

베텔게우스가 소멸해서 홀쭉해진 오리온자리도 보고 싶네.

초신성 잔해

초신성 잔해는 항성이 초신성 폭발을 일으킨 후에 생기는 천체다. 폭발 때문에 엄청나게 빠른 속도로 날아간 가스가 성간 물질과 부딪치며 고온이 되고, 아름답게 빛나는 것이 초신성 잔해인데 성운(26쪽)의 일종으로 분류된다.

게성운

게성운(M1)은 황소자리에 있는 유명한 초신성 잔해이다. 1054년에 관측된 초신성의 잔해인 것으로 확인된다.

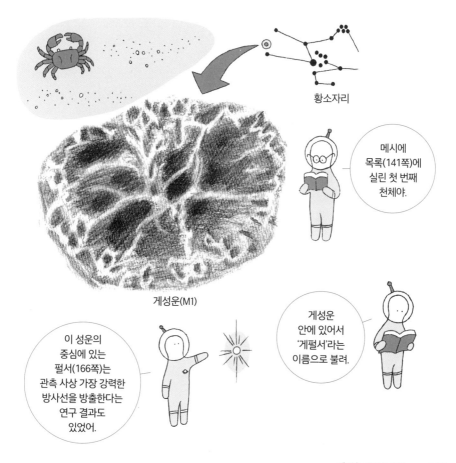

황소자리

게성운(M1)

메시에 목록(141쪽)에 실린 첫 번째 천체야.

이 성운의 중심에 있는 펄서(166쪽)는 관측 사상 가장 강력한 방사선을 방출한다는 연구 결과도 있었어.

게성운 안에 있어서 '게펄서'라는 이름으로 불려.

펄서

펄서란 주기적으로 빛과 전파(펄스) 등을 발사하는 천체를 말한다. 펄서가 뿜어
낸 빛과 전파의 주기는 무척 규칙적이어서 우주에서 가장 정확한 시계로 통한
다. 그 정체는 고속으로 자전하는 중성자별이다.

펄서

규칙적인 주기의
빛과 전파

지구

펄스의 주기가
너무 규칙적이어서
처음에는 외계인이
보낸 통신이 아닐까
하고 생각했어.

중성자별이 펄서로 관측되는 구조

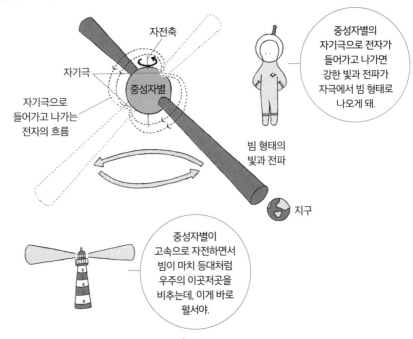

자전축

자기극

중성자별

자기극으로
들어가고 나가는
전자의 흐름

빔 형태의
빛과 전파

지구

중성자별의
자기극으로 전자가
들어가고 나가면
강한 빛과 전파가
자극에서 빔 형태로
나오게 돼.

중성자별이
고속으로 자전하면서
빔이 마치 등대처럼
우주의 이곳저곳을
비추는데, 이게 바로
펄서야.

초신성 1987A

초신성 1987A는 우리 은하의 옆에 있는 대마젤란은하(우리 은하의 동반 은하인 소은하, 208쪽)에서 1987년에 발생한 초신성이다. 맨눈에도 보일 정도로 밝은 초신성의 출현은 약 400년 만이었다.

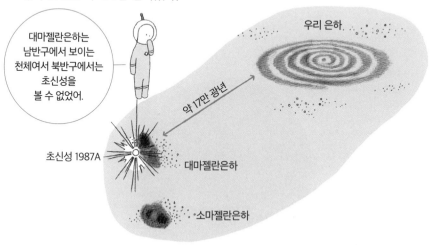

대마젤란은하는 남반구에서 보이는 천체여서 북반구에서는 초신성을 볼 수 없었어.

약 17만 광년

우리 은하

초신성 1987A

대마젤란은하

소마젤란은하

초신성이 내뿜는 뉴트리노가 관측되었다!

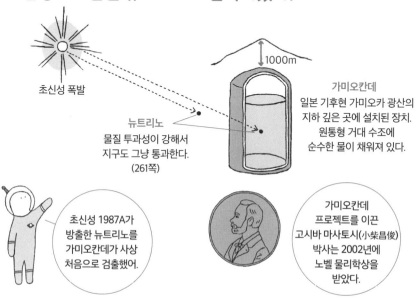

초신성 폭발

1000m

뉴트리노
물질 투과성이 강해서
지구도 그냥 통과한다.
(261쪽)

가미오칸데
일본 기후현 가미오카 광산의
지하 깊은 곳에 설치된 장치.
원통형 거대 수조에
순수한 물이 채워져 있다.

초신성 1987A가
방출한 뉴트리노를
가미오칸데가 사상
처음으로 검출했어.

가미오칸데
프로젝트를 이끈
고시바 마사토시(小柴昌俊)
박사는 2002년에
노벨 물리학상을
받았다.

사상의 지평선

태양보다 훨씬 무거운 별(약 40배 이상)이 초신성 폭발을 일으키면 별의 중심부가 무한하게 망가지고 마지막에는 블랙홀(25쪽)이 된다. 블랙홀의 '표면'을 사상의 지평선이라고 한다.

블랙홀의 구조

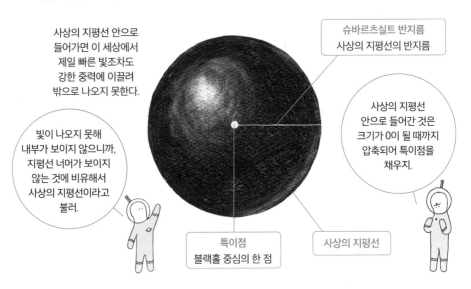

사상의 지평선 안으로 들어가면 이 세상에서 제일 빠른 빛조차도 강한 중력에 이끌려 밖으로 나오지 못한다.

슈바르츠실트 반지름
사상의 지평선의 반지름

빛이 나오지 못해 내부가 보이지 않으니까, 지평선 너머가 보이지 않는 것에 비유해서 사상의 지평선이라고 불러.

사상의 지평선 안으로 들어간 것은 크기가 0이 될 때까지 압축되어 특이점을 채우지.

특이점
블랙홀 중심의 한 점

사상의 지평선

태양을 블랙홀로 만들려면?

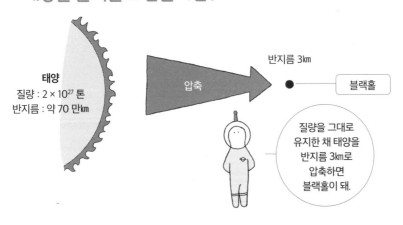

태양
질량 : 2×10^{27} 톤
반지름 : 약 70 만km

압축

반지름 3km

블랙홀

질량을 그대로 유지한 채 태양을 반지름 3km로 압축하면 블랙홀이 돼.

백조자리 X-1

백조자리 X-1은 블랙홀의 유력 후보로 꼽히는 천체이다. 지구에서 약 6000광년 떨어진 거리에 있으며, 강한 X선을 내뿜는다.

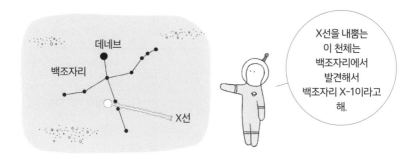

백조자리 X-1의 상상도

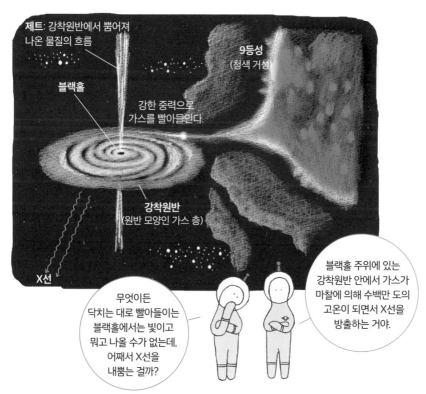

연주 시차

연주 시차란 지구가 태양의 주위를 공전함에 따라, 항성이 보이는 방향이 달라지는 것을 말한다. 연주 시차의 존재는 지동설의 직접적인 증거가 되었다.

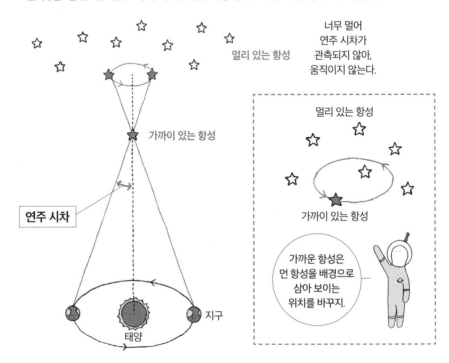

연주 시차 측정은 무척 어렵다?

가까운 항성일수록 연주 시차가 커진다. 하지만 태양계에 가장 가까운 켄타우루스자리 알파별도, 연주 시차는 약 5000분의 1도(보름달 지름의 2500분의 1 정도인 크기)밖에 되지 않아서 측정하기가 무척 까다롭다.

파섹

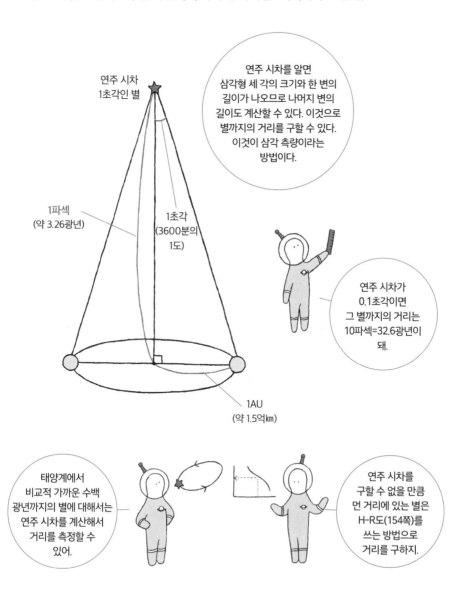

어떤 항성의 연주 시차를 알면 그 항성까지의 거리를 계산할 수 있다. 연주 시차가 1초각(3600분의 1도)인 어떤 항성까지의 거리를 1파섹이라고 한다.

연주 시차를 알면 삼각형 세 각의 크기와 한 변의 길이가 나오므로 나머지 변의 길이도 계산할 수 있다. 이것으로 별까지의 거리를 구할 수 있다. 이것이 삼각 측량이라는 방법이다.

연주 시차
1초각인 별

1파섹
(약 3.26광년)

1초각
(3600분의
1도)

연주 시차가
0.1초각이면
그 별까지의 거리는
10파섹=32.6광년이
돼.

1AU
(약 1.5억km)

태양계에서
비교적 가까운 수백
광년까지의 별에 대해서는
연주 시차를 계산해서
거리를 측정할 수
있어.

연주 시차를
구할 수 없을 만큼
먼 거리에 있는 별은
H-R도(154쪽)를
쓰는 방법으로
거리를 구하지.

변광성

변광성이란 밝기가 변하는 별을 말한다. 밝기가 달라지는 원인에 따라 몇 개의
종류로 나눌 수 있다.

식변광성

쌍성(176쪽)인 한 쪽 별이 다른 한 쪽 별을 가리면서 밝기가 달라지는 것이 식변
광성이다. 알골(페르세우스자리 베타별) 등이 식변광성으로 알려져 있다.

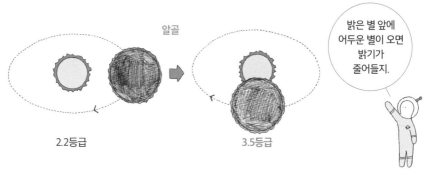

알골

2.2등급

3.5등급

밝은 별 앞에
어두운 별이 오면
밝기가
줄어들지.

폭발 변광성

별의 표층이나 대기 중 폭발 등에 의해 밝기가 달라지는 별을 폭발 변광성이라
고 한다. 북쪽왕관자리 R별이 대표적이다.

탄소를 포함한 가스가
별에서 방출되어,
가스 속 탄소가 식어
먼지가 되면서 별빛을
가로막으면
어두워지지.

닌자의
연막탄 같아.

먼지(탄소)

북쪽왕관자리 R별

신성형 변광성

신성(161쪽), 초신성(22쪽) 등 돌발적으로 밝기가 밝아지는 별도 변광성의 일종이다. 격변성이라고도 한다.

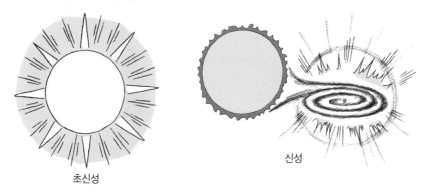

초신성

신성

맥동 변광성

별의 표층이 주기적으로 팽창과 수축을 반복하면서(맥동이라고 한다.) 변광하는 것을 맥동 변광성이라고 한다. 변광 주기와 변광의 규칙성에 따라 많은 유형으로 세분화되어 있다. 2등급에서 10등급까지 변광하는 **미라**(고래자리 오미크론별)는 맥동 변광성(미라형 변광성)의 대표로 유명하다.

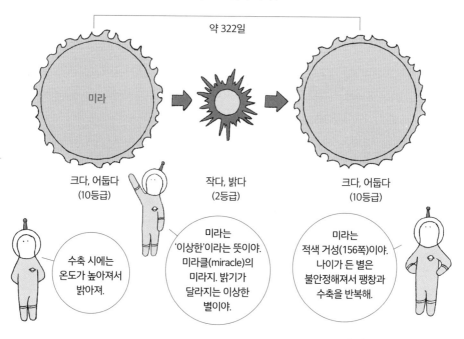

약 322일

미라

크다, 어둡다
(10등급)

작다, 밝다
(2등급)

크다, 어둡다
(10등급)

수축 시에는
온도가 높아져서
밝아져.

미라는
'이상한'이라는 뜻이야.
미라클(miracle)의
미라지. 밝기가
달라지는 이상한
별이야.

미라는
적색 거성(156쪽)이야.
나이가 든 별은
불안정해져서 팽창과
수축을 반복해.

케페이드 변광성

케페이드 변광성(세페이드 변광성)은 맥동 변광성(173쪽) 유형에 속한다. 케페이드 변광성의 변광 주기와 절대 등급 사이에는 규칙적인 관계가 있는데, 이것을 이용하면 6000만 광년 정도 먼 곳까지의 거리를 측정할 수 있다.

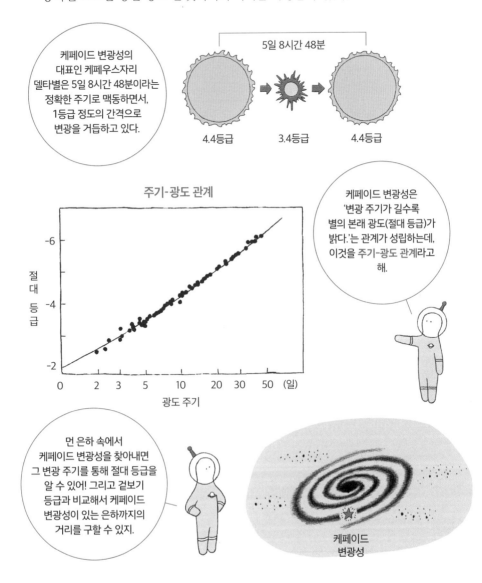

케페이드 변광성의 대표인 케페우스자리 델타별은 5일 8시간 48분이라는 정확한 주기로 맥동하면서, 1등급 정도의 간격으로 변광을 거듭하고 있다.

5일 8시간 48분

4.4등급　　　3.4등급　　　4.4등급

주기-광도 관계

절대 등급

-6

-4

-2

0　2　3　5　10　20　30　50 (일)

광도 주기

케페이드 변광성은 '변광 주기가 길수록 별의 본래 광도(절대 등급)가 밝다.'는 관계가 성립하는데, 이것을 주기-광도 관계라고 해.

먼 은하 속에서 케페이드 변광성을 찾아내면 그 변광 주기를 통해 절대 등급을 알 수 있어! 그리고 겉보기 등급과 비교해서 케페이드 변광성이 있는 은하까지의 거리를 구할 수 있지.

케페이드 변광성

KIC 8462852

KIC 8462852는 탐사 위성 케플러(187쪽)가 찾아낸 변광성이다. 그 불규칙한 변광은 외계인이 만든 거대 건축물이 별빛을 가로막아서 일어난 것이라는 내용의 논문이 2015년에 발표되어 큰 화제를 모았다.

별 앞을 대량의 혜성이 통과하거나 해서 어두워진 것일 뿐이지 않을까?

KIC 8462852

혜성과 행성의 통과 등으로는 최대 22%나 되는 감광이 설명되지 않아. 외계인이 만든 구조물 '다이슨 스피어' 때문에 일어난 감광이 아닐까 하는 설도 있어.

다이슨 스피어는 항성을 달걀 껍데기처럼 감싸서 항성의 모든 에너지를 이용하는 상상 속의 구조물이야.

고도 문명을 가진 외계인이라면 정말 이런 장치를 쓸지도 몰라!

쌍성

쌍성은 두 개의 항성이 중력을 미치며 서로의 주위를 공전하는 천체다. 두 항성 중 밝은 쪽을 **주성**, 어두운 쪽을 **동반성**이라고 부른다.

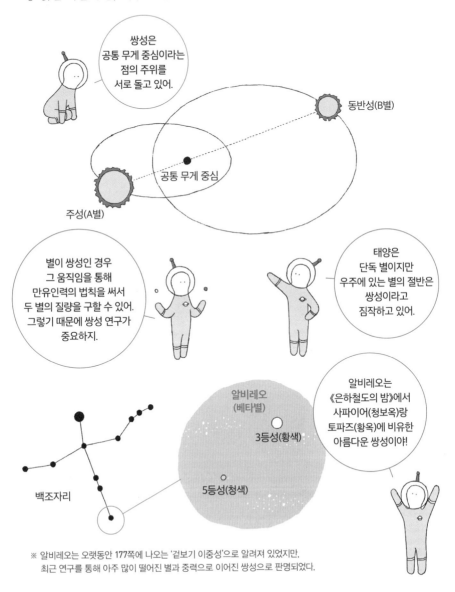

쌍성은 공통 무게 중심이라는 점의 주위를 서로 돌고 있어.

동반성(B별)

공통 무게 중심

주성(A별)

별이 쌍성인 경우 그 움직임을 통해 만유인력의 법칙을 써서 두 별의 질량을 구할 수 있어. 그렇기 때문에 쌍성 연구가 중요하지.

태양은 단독 별이지만 우주에 있는 별의 절반은 쌍성이라고 짐작하고 있어.

알비레오 (베타별)

3등성(황색)

5등성(청색)

백조자리

알비레오는 《은하철도의 밤》에서 사파이어(청보옥)랑 토파즈(황옥)에 비유한 아름다운 쌍성이야!

※ 알비레오는 오랫동안 **177쪽**에 나오는 '겉보기 이중성'으로 알려져 있었지만, 최근 연구를 통해 아주 많이 떨어진 별과 중력으로 이어진 쌍성으로 판명되었다.

3개 이상의 별이 쌍을 이룬 다중성도 있다?

3개의 항성이 쌍을 이룬 것을 3중성이라고 한다. 켄타우루스자리 알파별(120쪽)이 3중성이다. 나아가 4중성, 5중성, 6중성까지 발견했다.

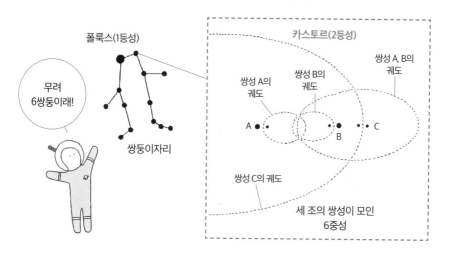

폴룩스(1등성)

무려 6쌍둥이래!

쌍둥이자리

카스토르(2등성)

쌍성 A, B의 궤도

쌍성 A의 궤도

쌍성 B의 궤도

A

B

C

쌍성 C의 궤도

세 조의 쌍성이 모인 6중성

이중성
Double star

이중성이란 지구에서 봤을 때 서로 몹시 가까이에 있는 것 같은 별을 말한다. 이 중에서 정말 공간적으로 가까운 거리에 있어서 서로의 주위를 맴도는 것이 쌍성이다. 한편 지구에서 본 방향이 거의 일치할 뿐, 실제로는 공간적으로 멀리 떨어져 있는 것은 겉보기 이중성이라고 말한다.

☆☆ 쌍성인가?

실제로는 멀리 떨어져 있다.

↓

겉보기 이중성

근접 쌍성

근접 쌍성이란 쌍성끼리 몹시 가까이 있는 것을 말한다. 아주 강한 중력이 작용하기 때문에 각각의 별에 다양한 영향을 미친다.

분리형 쌍성

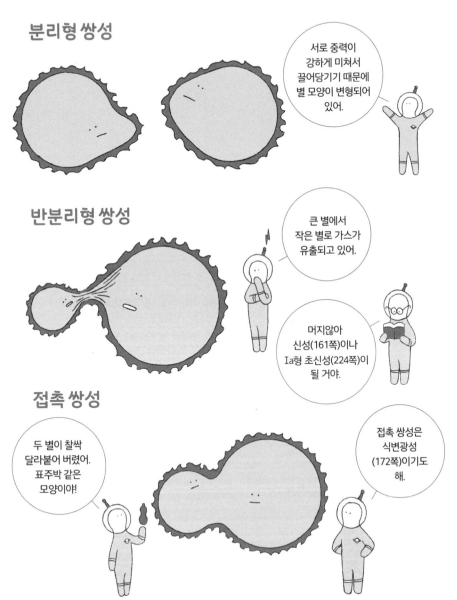

서로 중력이 강하게 미쳐서 끌어당기기 때문에 별 모양이 변형되어 있어.

반분리형 쌍성

큰 별에서 작은 별로 가스가 유출되고 있어.

머지않아 신성(161쪽)이나 Ia형 초신성(224쪽)이 될 거야.

접촉 쌍성

두 별이 찰싹 달라붙어 버렸어. 표주박 같은 모양이야!

접촉 쌍성은 식변광성(172쪽)이기도 해.

발광 적색 신성

발광 적색 신성은 쌍성끼리 충돌, 합체하며 일어난 대폭발이다(다른 설도 있다). 폭발의 밝기(광도)는 신성보다는 밝고 초신성보다는 어두운데, 붉은색으로 보인다는 특징이 있다.

외뿔소자리 V838 별

외뿔소자리에 2002년 등장한 발광 적색 신성. 일시적으로 태양의 3200배나 되는 크기까지 팽창했다.

주위에 펼쳐진 라이트에코(빛의 메아리)라는 아름다운 소용돌이 모양이 마치 고흐의 그림 〈별이 빛나는 밤〉과 비슷하다고 해서 화제에 올랐지.

2022년 적색 신성이 백조자리에 출현할 예정?

백조자리에 있는 KIC 9832227이라는 근접 쌍성은 2022년 무렵 합체해서 발광 적색 신성이 될 것이라는 예상이 2017년 보고되었다. 현재는 12등성인 별이 2등성까지 밝아져 맨눈으로도 볼 수 있을 것으로 예상하고 있다.

백조자리의 적색 신성에서도 라이트에코를 관측할 수 있을지도 몰라.

고유 운동

항성은 상대적인 위치가 달라지지 않는다고 했는데(16쪽), 그건 수년에서 수십 년을 두고 보았을 때의 이야기이다. 더 길게 보면 항성은 각각 다른 방향으로 움직이며 천구상에서 위치를 바꾸고 있다. 이것을 **고유 운동**이라고 한다.

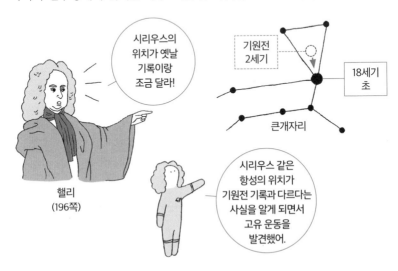

시리우스의 위치가 옛날 기록이랑 조금 달라!

기원전 2세기

18세기 초

큰개자리

핼리
(196쪽)

시리우스 같은 항성의 위치가 기원전 기록과 다르다는 사실을 알게 되면서 고유 운동을 발견했어.

10만 년 후에는 북두칠성이 거꾸로 뒤집힌다?

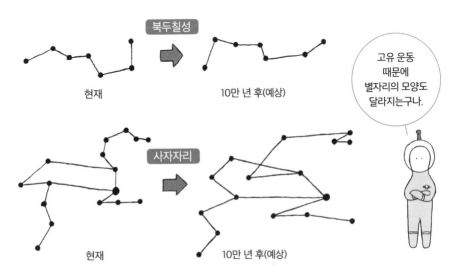

북두칠성

현재

10만 년 후(예상)

고유 운동 때문에 별자리의 모양도 달라지는구나.

사자자리

현재

10만 년 후(예상)

광행차

광행차는 천체를 관측할 때, 지구가 움직이고 있기 때문에 별빛이 보이는 방향과 실제 방향에 차이가 생기는 현상이다. 지구 공전 때문에 발생하는 광행차를 **연주 광행차**라고 한다. 연주 광행차는 지구가 공전하고 있다는 증거다.

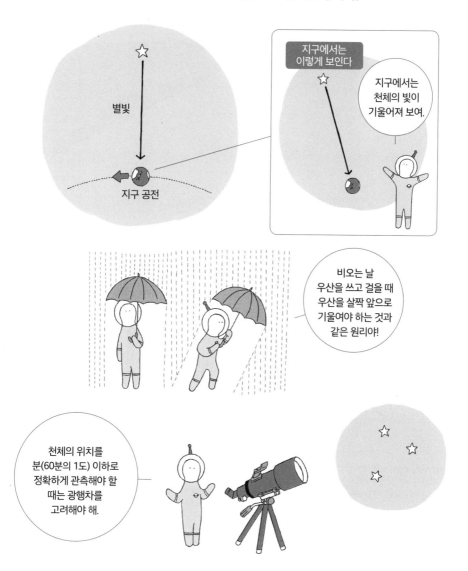

별빛

지구 공전

지구에서는 이렇게 보인다

지구에서는 천체의 빛이 기울어져 보여.

비오는 날 우산을 쓰고 걸을 때 우산을 살짝 앞으로 기울여야 하는 것과 같은 원리야!

천체의 위치를 분(60분의 1도) 이하로 정확하게 관측해야 할 때는 광행차를 고려해야 해.

분광

분광이란 빛을 파장별로 세세하게 나누는 것을 말한다. 태양의 빛을 프리즘에 비추면 무지개 색으로 나누어지는데, 이것은 프리즘이 태양빛을 분광했기 때문이다.

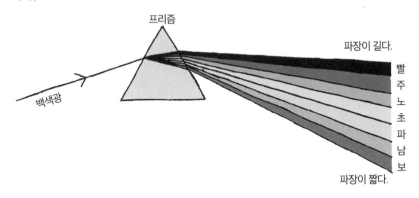

스펙트럼

스펙트럼은 분광한 빛을 파장별로 나누어 표시한 것이다.

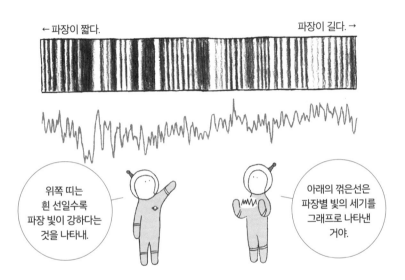

방출선/흡수선

물질(원소)을 고온으로 만들면 그 원소 특유의 파장 빛이 강하게 나온다. 이를 **방출선**이라고 부른다. 한편 광원과 관측자 사이에 어떠한 원소가 존재하면 그 원소는 방출선의 파장 빛을 흡수하기 때문에 그 파장의 빛만 관측자에게 도달하지 않게 된다. 이를 **흡수선**(또는 암선)이라고 한다.

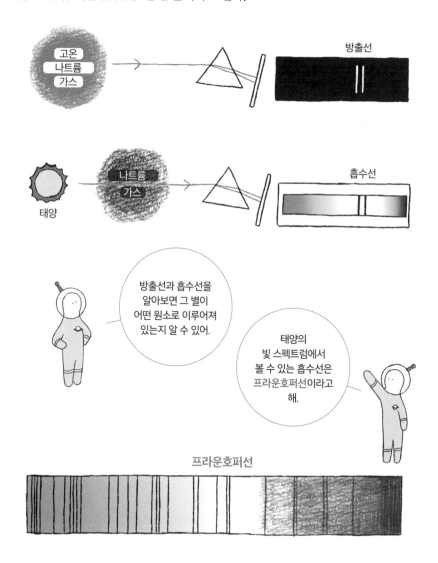

고온 나트륨 가스

방출선

태양

나트륨 가스

흡수선

방출선과 흡수선을 알아보면 그 별이 어떤 원소로 이루어져 있는지 알 수 있어.

태양의 빛 스펙트럼에서 볼 수 있는 흡수선은 **프라운호퍼선**이라고 해.

프라운호퍼선

외계 행성

Extrasolar planet/Exoplanet

외계 행성(태양계 외행성)이란 태양계의 바깥에 있는 행성을 말한다. 주로 태양을 제외한 항성의 주위를 도는 행성을 가리킨다. 1995년에 최초의 외계 행성이 발견된 이후, 2018년 7월을 시점으로 3750개가 넘는 외계 행성이 발견되었다.

밤하늘에 있는 별의 절반 이상은 행성을 가지고 있다고 봐.

외계 행성은 발견하기 어려웠다?

스스로 불타는 항성에 비해 항성의 빛을 반사할 뿐인 행성의 밝기는 1억분의 1 이하이다. 눈부신 항성을 가까이에서 도는 외계 행성을 찾기란, 등대 근처를 나는 반딧불의 빛을 찾는 것과 마찬가지로 무척 어렵다.

항성

안 보여!

외계 행성

페가수스자리 51b

페가수스자리 51b는 주계열성(150쪽)의 주위에서 처음으로 발견한 외계 행성이다. 1995년 스위스의 천문학자들이 발견했다.

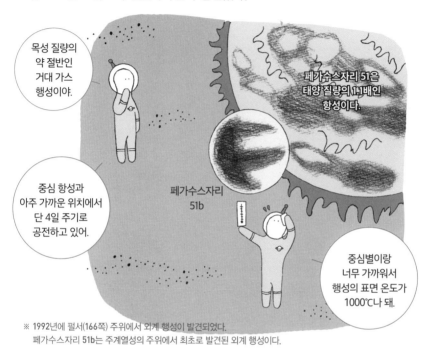

목성 질량의 약 절반인 거대 가스 행성이야.

중심 항성과 아주 가까운 위치에서 단 4일 주기로 공전하고 있어.

페가수스자리 51b

페가수스자리 51은 태양 질량의 1.1배인 항성이다.

중심별이랑 너무 가까워서 행성의 표면 온도가 1000℃나 돼.

※ 1992년에 펄서(166쪽) 주위에서 외계 행성이 발견되었다.
페가수스자리 51b는 주계열성의 주위에서 최초로 발견된 외계 행성이다.

외계 행성의 이름은 어떻게 붙일까?

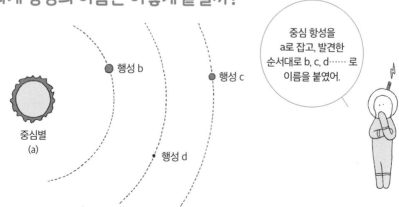

행성 b

행성 c

중심별
(a)

행성 d

중심 항성을 a로 잡고, 발견한 순서대로 b, c, d······로 이름을 붙였어.

도플러 분광법

도플러 분광법(시선속도법)은 외계 행성을 찾아내는 방법 중 하나이다. 외계 행성이 중심별의 주위를 돌면, 중심별은 행성의 중력에 이끌려 위치가 살짝 이동한다. 그 '흔들리는' 모습을 포착함으로써, 행성의 존재를 추정한다.

트랜싯법

트랜싯법(통과법)은 지구에서 봤을 때, 외계 행성이 중심별의 앞을 지나면서 중심별을 가려 살짝 어두워지는 모습으로 외계 행성의 존재를 파악하는 방법이다.

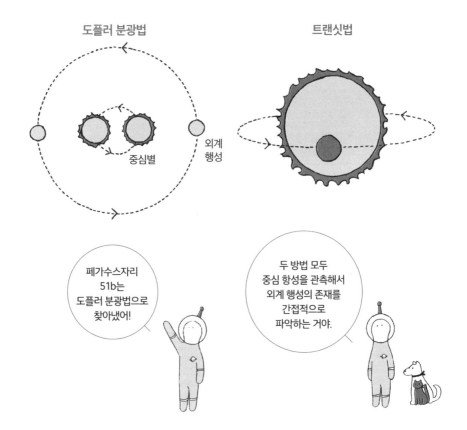

도플러 분광법

트랜싯법

중심별

외계
행성

페가수스자리
51b는
도플러 분광법으로
찾아냈어!

두 방법 모두
중심 항성을 관측해서
외계 행성의 존재를
간접적으로
파악하는 거야.

케플러(탐사 위성)

케플러는 외계 행성을 찾기 위해 NASA가 쏘아 올린 탐사 위성이다. 트랜싯법을 써서 외계 행성을 찾는다. 케플러가 발견한 외계 행성은 2500개가 넘는다.

백조자리의 한 귀퉁이만 관측했을 뿐인데도 이렇게 많은 행성을 찾아냈어.

케플러

직접 촬영법

아주 약한 외계 행성의 빛을 직접 포착하는 것이 **직접 촬영법**이다. 행성의 밝기와 온도, 궤도, 대기 등 중요한 정보를 직접 얻을 수 있어서 외계 행성 연구에 많은 도움이 된다.

한국은 호주, 남아프리카 공화국에 망원경을 설치해 24시간 외계 행성 관측 시스템을 구축했어.

뜨거운 목성

뜨거운 목성이란 중심별 바로 근처를 공전하고 있는 목성 크기의 외계 행성을 말한다. 태양계의 목성은 태양으로부터 먼 위치에서 공전하는 차가운 가스 행성인 반면, 뜨거운 목성은 뜨겁게 타오르는 행성이다.

괴짜 행성

괴짜 행성이란 궤도가 마치 혜성처럼 극단적인 타원 궤도를 그리는 외계 행성을 말한다. 이 역시 태양계에는 존재하지 않는 '별난' 행성이다.

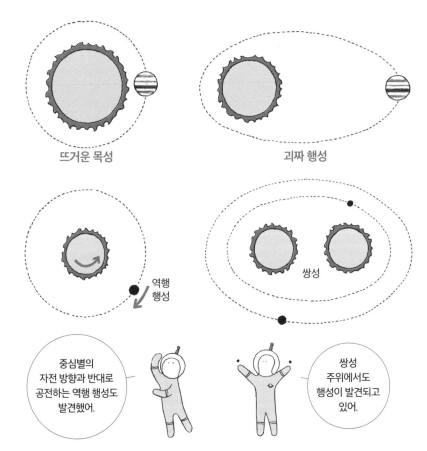

뜨거운 목성

괴짜 행성

역행
행성

쌍성

중심별의
자전 방향과 반대로
공전하는 역행 행성도
발견했어.

쌍성
주위에서도
행성이 발견되고
있어.

아이볼 행성

Eyeball planet

아이볼 행성은 적색 왜성(153쪽)과 아주 가까운 위치에 존재하며, 늘 같은 면이 적색 왜성을 향해 있기 때문에 그 면은 몹시 뜨겁고 반대쪽은 몹시 차가운 행성이다. 프록시마 켄타우리의 행성(120쪽)이 아이볼 행성일 것으로 예상한다.

차가워서
얼어 있다.

눈알 같아.

뜨거워서
얼음이
녹아 있다.

※ 아이볼 행성이
항상 물을 가지고
있는 것은 아니다.

미시중력렌즈법

Gravitational microlensing

미시중력렌즈법은 외계 행성을 찾는 데 쓰이는 방법이다. 지구에서 봤을 때, 멀리 있는 항성 앞을 다른 항성이 통과하는 경우 앞에 있는 항성의 중력이 '렌즈' 역할을 해서 빛을 모으기 때문에, 멀리 있는 항성의 빛이 일시적으로 밝아지는 현상을 '미시중력렌즈'라고 한다. 렌즈 역할을 하는 앞쪽 항성이 행성을 가지고 있으면, 행성의 중력도 영향을 주어서 일시적으로 밝아졌다가 원래대로 돌아오는 도중에 다시 한번 순간적으로 밝아지는 현상을 볼 수 있다. 이렇게 해서 외계 행성의 존재를 추정한다.

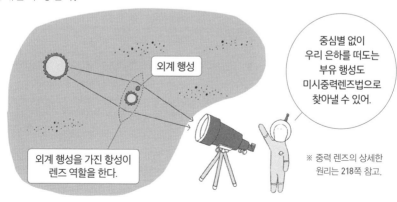

중심별 없이
우리 은하를 떠도는
부유 행성도
미시중력렌즈법으로
찾아낼 수 있어.

외계 행성

외계 행성을 가진 항성이
렌즈 역할을 한다.

※ 중력 렌즈의 상세한
원리는 218쪽 참고.

생명체 거주 가능 지역

생명체 거주 가능 지역은 항성 주위에서 생명체 존재 조건인 물이 액체 상태로 있을 가능성이 있는 영역을 뜻한다. 이 범위에 존재하는 행성을 생명체 거주 가능 행성이라고 한다.

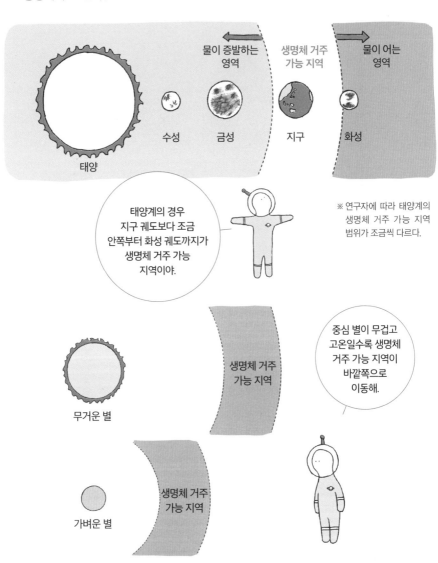

물이 증발하는
영역

생명체 거주
가능 지역

물이 어는
영역

수성

금성

지구

화성

태양

태양계의 경우 지구 궤도보다 조금 안쪽부터 화성 궤도까지가 생명체 거주 가능 지역이야.

※ 연구자에 따라 태양계의 생명체 거주 가능 지역 범위가 조금씩 다르다.

중심 별이 무겁고 고온일수록 생명체 거주 가능 지역이 바깥쪽으로 이동해.

생명체 거주 가능 지역

무거운 별

생명체 거주 가능 지역

가벼운 별

생물 지표

생물 지표는 외계 행성에 존재하는 생명체를 찾기 위한 생명체 유래의 신호를 뜻한다. 예를 들어 외계 행성의 대기에서 산소를 발견하면, 광합성하는 생명체가 있을지도 모른다고 생각할 수 있기 때문에 산소가 생물 지표가 된다.

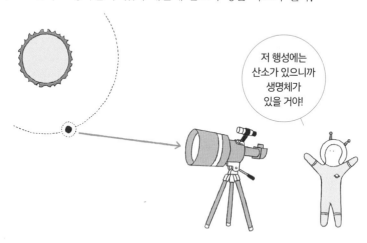

레드 에지

지구의 식물은 붉은 빛과 적외선을 강하게 반사하는 성질이 있는데, 이를 레드 에지라고 부른다. 외계 행성이 보내오는 빛에서 레드 에지가 발견된다면 그곳에 지구 같은 식물이 서식하고 있을 가능성이 있다. 레드 에지는 유력한 생물 지표이다.

아스트로바이올로지

아스트로바이올로지는 아직 발견하지 못한 지구 밖 생명체를 탐사하고, 그 기원과 진화의 비밀에 다가가려는 학문이다. 최근 외계 행성 관측의 진전을 배경으로, 다양한 분야의 연구자들이 이 새로운 학문에 뛰어들어, '우주 생명체'라는 커다란 수수께끼에 도전하고 있다.

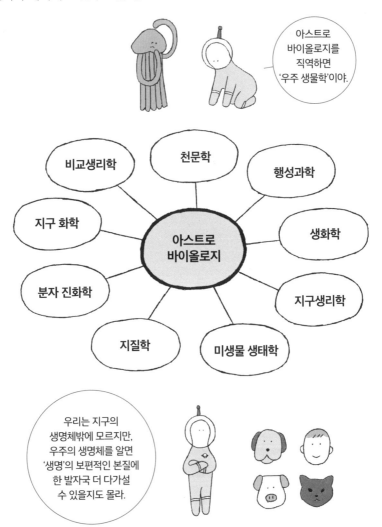

아스트로바이올로지를 직역하면 '우주 생물학'이야.

비교생리학 · 천문학 · 행성과학 · 지구 화학 · 아스트로바이올로지 · 생화학 · 분자 진화학 · 지구생리학 · 지질학 · 미생물 생태학

우리는 지구의 생명체밖에 모르지만, 우주의 생명체를 알면 '생명'의 보편적인 본질에 한 발자국 더 다가설 수 있을지도 몰라.

드레이크 방정식

드레이크 방정식은 우리 은하 안에서 전파 통신을 할 정도로 문명 수준을 갖춘 지구 밖 문명이 얼마나 있는지 추정해 보는 방정식이다. 미국의 천문학자 프랭크 드레이크(Frank Drake, 1930~)가 1961년에 발표했다.

$$N = R_* \times f_p \times n_e \times f_l \times f_i \times f_c \times L$$

N : 우리 은하에 전파 통신 기술을 갖춘 고도 문명의 개수

R_* : 우리 은하에서 1년 동안 탄생한 항성의 개수

f_p : 이런 항성 가운데 행성을 가진 항성의 비율

n_e : 이런 항성을 도는 행성 중 생명체가 살기에 적합한 행성의 개수

f_l : 생명체가 살기에 적합한 환경을 가진 행성 중 실제로 생명체가 탄생할 확률

f_i : 행성에서 탄생한 생명체가 지적 능력을 갖추기까지 진화할 확률

f_c : 지적 생명체가 전파 통신을 할 수 있는 문명을 갖추었을 확률

L : 이런 문명이 전파 통신을 우주로 보내는 시간의 길이

N의 개수, 그러니까 지구 밖 문명의 개수는 얼마나 될까?

500? 1?

'500만'이라는 사람도 있는가 하면, '1' 그러니까 우리 은하에서는 지적 문명이 인류뿐이라고 생각하는 사람도 있어.

방정식의 답을 알아내면 우리는 진정한 지적 생명체가 될 수 있을지도 몰라.

SETI

SETI란 지구 외 지적 생명체 조사(Search for ExtraTerrestrial Intelligence), 즉 '외계인 찾기'를 말한다. 구체적으로는 지구 외 지적 생명체가 보내는 전파 등의 신호를 수신해서, 그들의 존재를 찾아내려고 하는 시도다.

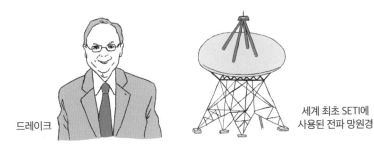

드레이크

세계 최초 SETI에
사용된 전파 망원경

세계 최초 SETI는 1960년에 드레이크(193쪽)가 실행한 '오즈마 계획'에서
미국 그린뱅크 국립 전파 천문대의 전파 망원경을 사용하여 태양과 흡사한 항성(거리 약 10광년)을
200시간 동안 관측했지만, 지구 외 지적 생명체의 신호를 포착할 수는 없었다.

와우! 신호 Wow! signal

1977년 미국 오하이오 주립대학의 빅 이어(Big Ear) 전파 망원경이 몹시 기묘한 전파를 72초간 관측하는 데 성공했다. 그 기록을 확인한 연구자가 신호 부분을 동그랗게 표시하고 빈칸에 "Wow!"라고 써넣은 것이 계기가 되어 '와우! 신호'라고 부르게 되었다.

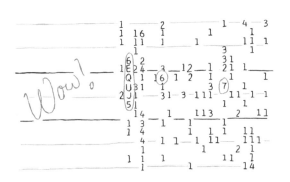

> 그 신호는
> 두 번 다시 검출할 수
> 없었기 때문에, 정말
> 신호였는지 아닌지
> 알 수 없어.

만약 접촉에 성공한다면?

여러분이 만약 지구 외 지적 생명체로부터 전파 신호를 받았다면, 마음대로 답을 보내서는 안 된다. 아래와 같은 가이드라인에 따라 행동하도록 정해져 있다.

지구 외 지적 생명체가 보내는 신호 발견에 관한 의정서

① 신호 발견자는 그 사실을 공표하기 전에 신호가 진짜인지 검증해야만 한다. (제1조)

② 신호 발견자는 공표 전에 복수의 연구 기관에 통보하여, 신호가 진짜인지 검증받아야만 한다. (제2조)

③ 신호가 진짜라고 판정되었을 경우, 전 세계 천문학자 및 국제연합 사무총장에게 통지해야 한다. (제3조)

④ 신호가 진짜일 경우, 일반 사회에 감추지 않고 공표해야 한다. (제4조)

⑤ 답신을 보낼지 등에 관해서는 국제 협의를 거쳐야 하고, 발견자가 마음대로 답신을 보내서는 안 된다. (제8조)

등등

※ 위 가이드라인은 IAA(국제우주항공아카데미)의 SETI 위원회에서 1989년 채택하였다.

지구 외 문명 탐사는 인류에게 있어서, '실패 역시 성공이다.'라고 말할 수 있는 몇 안 되는 활동 중 하나다.

칼 세이건(Carl Edward Sagan, 1934~1996)
-드레이크와 함께 SETI를 대표했던 미국의 천문학자

정말로 지구인과 접촉할 날이 왔으면 좋겠어.

07

뉴턴

1642년 ~ 1727년

영국의 수학자 · 물리학자 · 천문학자인 아이작 뉴턴 (Isaac Newton)은 만유인력(중력) 법칙과 운동의 3법칙(관성 법칙, 가속도 법칙, 작용 반작용 법칙)을 발견했다.

뉴턴이 세운 뉴턴 역학의 체계 덕분에 지구가 태양의 주위를 도는 원인, 행성이 타원 궤도를 그리는 이유도 물리적으로 설명할 수 있게 되었다. 현재까지 이어져 내려오는 근대적 우주관은 뉴턴이 가져다준 것이다.

08

핼리

1656년 ~ 1742년

영국의 천문학자 에드먼드 핼리(Edmund Halley)는 뉴턴의 친구로, 뉴턴의 대작 《프린키피아》를 출판하는 데 도움을 주었다.

또 핼리는 뉴턴 역학을 바탕으로 핼리 혜성(98쪽)의 회귀를 예언하여, 멋지게 적중시켰다.

이는 뉴턴 역학을 응용해서 태양계의 천체 운동을 연구하는 천체 역학의 첫 성과였다.

제 5 장

우리 은하와
은하 우주

은하수

은하수는 밤하늘을 가로지르는 옅은 구름 띠 같은 것을 말한다. 영어로는 밀키 웨이(우유길)라고 한다. 직접 만든 망원경으로 은하수를 관찰한 갈릴레이는 은하수가 무수한 어두운 별들의 무리라는 사실을 발견했다.

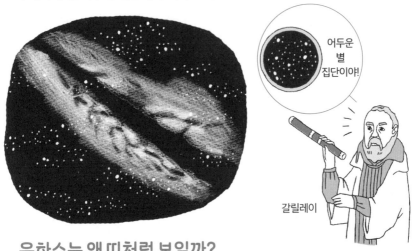

어두운 별 집단이야!

갈릴레이

은하수는 왜 띠처럼 보일까?

은하수는 띠 모양으로 밤하늘을 한 바퀴 두르고 있다. 그렇게 보이는 이유는 은하수를 구성하는 별들이 우리, 즉 지구와 태양 주위에 옅은 원반 모양으로 펼쳐져 있기 때문이다. 태양과 지구도 그 원반 속에 있어서, 주위를 둘러보면 마치 별들이 가느다란 띠처럼 이어져 보인다.

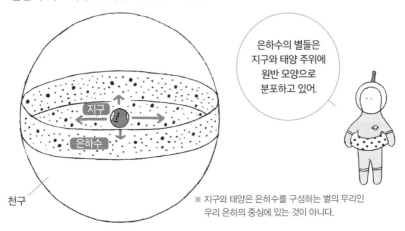

은하수의 별들은 지구와 태양 주위에 원반 모양으로 분포하고 있어.

지구

은하수

천구

※ 지구와 태양은 은하수를 구성하는 별의 무리인 우리 은하의 중심에 있는 것이 아니다.

우리 은하

우리 은하(은하계)는 우리 태양계가 속한 은하(30쪽)이다. 우리 은하는 약 1000억 개(약 2000억 개라는 말도 있다.)의 항성과 그 수십 퍼센트의 질량을 지닌 성간 물질(140쪽)로 이루어져 있다.

소용돌이를 형성하고 있는 점 하나하나가 다 태양 같은 항성이야.

'1000억 개의 별'을 이미지로 나타내면?

길이 25m인 수영장 하나를 채우는 쌀알의 개수는 약 130억 알!

쌀알 1000억 알이면 길이 25m인 수영장 8개는 채울 만큼의 개수야!

정신이 아득해질 만큼 어마어마한 개수네!

12m

25m

1.2m

은하 원반

우리 은하는 약 1000억 개의 항성 집단인데, 항성은 중심부가 볼록 렌즈처럼 볼록한 원반 모양으로 분포되어 있다. 볼록한 중심부를 제외한 나머지 부분을 **은하 원반(디스크)**이라고 부른다. 우리 태양계는 우리 은하의 은하 원반에 위치하고 있다.

벌지

우리 은하 중심부의 볼록한 부분을 **벌지**라고 한다. 은하 원반은 젊은 별과 별을 형성하는 재료인 성간 물질들로 이루어져 있는 반면, 벌지는 나이 100억 년 정도인 늙은 별들로 이루어져 있고 성간 물질은 거의 없다.

우리 은하를 옆에서 본 모습

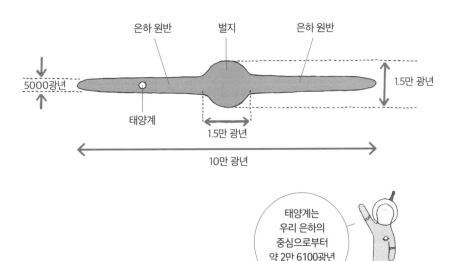

태양계는 우리 은하의 중심으로부터 약 2만 6100광년 떨어져 있어.

나선팔

우리 은하의 은하 원반을 위에서 내려다보면 소용돌이 형태임을 알 수 있다. 이 것을 **나선팔(스파이럴 암)**이라고 부른다. 우리 은하에서는 총 4개의 커다란 나선 팔과 여러 개의 작은 나선팔이 관측되었다. 태양계는 그것 이외에 작은 나선팔 중 하나인 **오리온팔** 속에 있다.

우리 은하를 위에서 본 모습

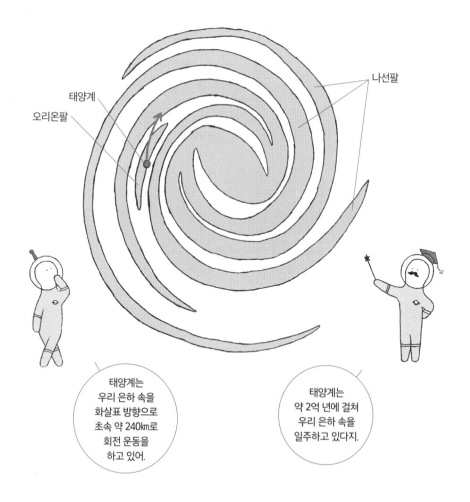

나선팔

태양계

오리온팔

태양계는
우리 은하 속을
화살표 방향으로
초속 약 240㎞로
회전 운동을
하고 있어.

태양계는
약 2억 년에 걸쳐
우리 은하 속을
일주하고 있다지.

궁수자리 A*

궁수자리 A*은 궁수자리에 있는 점 모양의 천체로, 가시광선으로는 아무것도 보이지 않지만 강한 전파가 방출되고 있다. 이곳은 우리 은하의 중심이며, 그 정체는 거대 질량 블랙홀(203쪽)인 것으로 짐작된다.

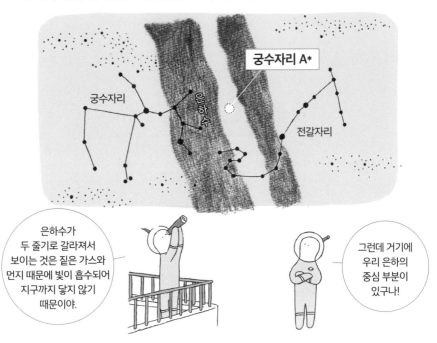

전파는 우주에서도 온다!

1931년에 미국의 물리학자이자 무선 기술자인 칼 잰스키(Karl Jansky)가 번개를 발생시키는 전파를 알아보다가, 은하수의 궁수자리 방향에서 오는 전파를 우연히 발견했다. 이것이 우주에서 오는 전파를 관측하는 전파 천문학의 시초이다.

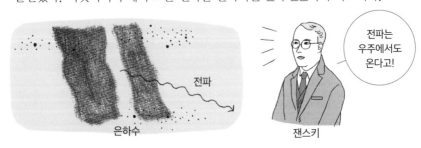

거대 질량 블랙홀

Supermassive black hole

거대 질량 블랙홀이란 질량이 태양의 10만 배에서 100억 배 정도에 이르는 블랙홀을 말한다. 우리 은하를 비롯해 많은 은하의 중심부에는 거대 질량 블랙홀이 존재한다고 보고 있다.

우리 은하 중심부의 거대 질량 블랙홀

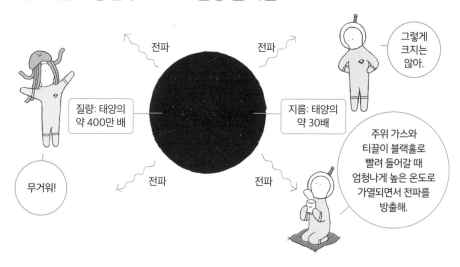

거대 질량 블랙홀은 어떻게 탄생했을까?

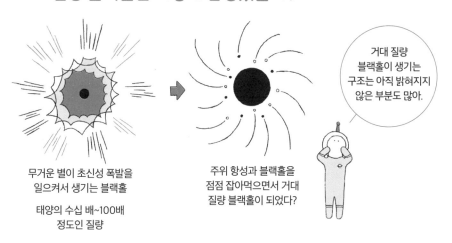

무거운 별이 초신성 폭발을 일으켜서 생기는 블랙홀

태양의 수십 배~100배 정도인 질량

주위 항성과 블랙홀을 점점 잡아먹으면서 거대 질량 블랙홀이 되었다?

구상 성단

구상 성단은 수만에서 수백만이나 되는 항성이 구 모양으로 모여 있는 성단(27쪽)을 말한다. 태어난 지 100억 년이 넘은 무척 오래된 별들이 모여 있다.

구상 성단 중심부의 사방으로 1광년 공간에는 수백 개의 별이 밀집되어 있어.

구상 성단과 산개 성단은 무엇이 다를까?

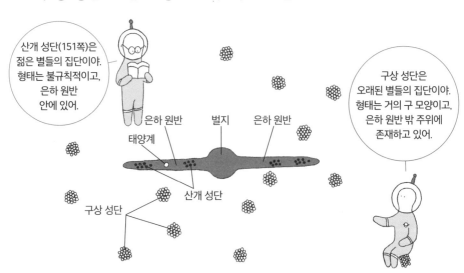

산개 성단(151쪽)은 젊은 별들의 집단이야. 형태는 불규칙적이고, 은하 원반 안에 있어.

구상 성단은 오래된 별들의 집단이야. 형태는 거의 구 모양이고, 은하 원반 밖 주위에 존재하고 있어.

은하 원반
태양계
벌지
은하 원반
구상 성단
산개 성단

헤일로

헤일로는 은하 원반과 벌지를 넓게 감싸듯 펼쳐진 구 모양의 영역이다. 그 크기는 정확하지 않지만 은하 원반의 10배 정도 되는 크기라고 보고 있다.

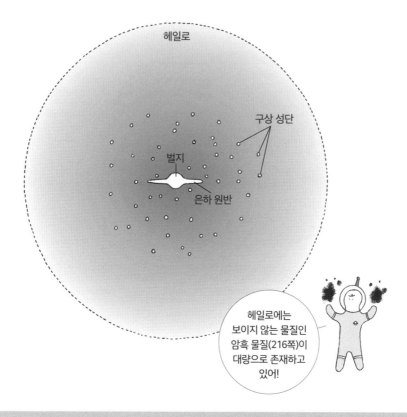

헤일로에는 보이지 않는 물질인 암흑 물질(216쪽)이 대량으로 존재하고 있어!

별의 종족

별의 종족은 항성 분류법 중 하나이다. 종족 Ⅰ인 항성은 별의 내부에 수소와 헬륨보다 무거운 원소(탄소, 산소 등)를 많이 포함한 젊은 별로, 은하 원반에서 많이 찾아볼 수 있다. 종족 Ⅱ인 항성은 헬륨보다 무거운 원소를 거의 포함하지 않은 늙은 별로, 벌지와 구상 성단에 많다. 그리고 일부 학자들은 종족 Ⅲ이라는, 우주 초기에 생긴 제1세대 거대 질량 별이 있다고 주장하기도 한다(가설).

나선 은하

나선 은하는 소용돌이 모양(나선팔)인 은하 원반을 가진 은하다. 나선팔 부분에는 종족 I인 별(205쪽)과 성간 물질이 많아서, 새로운 별이 탄생한다.

나선 은하 중에서도 중심 부분에 막대 형상이 있는 것을 **막대 나선 은하**라고 부른다. 우리 은하는 막대 나선 은하인 것으로 보고 있다.

일반적인 밝기의 은하 중에서는 가장 많이 발견되고 있지.

타원 은하

타원 은하는 원 혹은 타원 모양을 한 은하다. 늙은 별이 많고 성간 물질은 거의 없어서 새로운 별은 탄생하지 않는다. 타원 은하에 있는 별들은 제각기 자유로운 방향으로 움직이고 있다.

1조 개의 별이 모인 거대한 타원 은하도 있어.

※ 일부 타원 은하에는 젊은 성단이 보이며, 지금도 별이 태어나고 있다.

렌즈형 은하

렌즈형 은하는 형태는 나선 은하와 비슷하고 은하 원반과 벌지를 가지고 있지만 원반에 소용돌이 모양(나선팔)이 없다. 한편 늙은 별이 많고 성간 물질이 적다는 점은 타원 은하를 닮았다.

나선 은하와 타원 은하의 중간 정도의 모습을 하고 있지.

불규칙 은하

불규칙 은하는 이름 그대로 명확한 구조가 없고 형태가 불규칙적인 은하다. 작은 은하지만 성간 물질을 아주 많이 가지고 있어서, 별이 활발히 태어나고 있다.

왜소 은하

왜소 은하는 수십억 개 이하의 항성으로 이루어진 무척 작고 어두운 은하다. 형태는 둥근 것, 불규칙적인 것 등 다양하다. 왜소 은하는 나선 은하, 타원 은하 같은 보통 밝기를 가진 은하보다 그 개수가 훨씬 많다.

대마젤란은하 Large Magellanic Cloud

대마젤란은하는 남반구에서 볼 수 있는 은하로, 불규칙 은하(207쪽)에 분류된다. 태양계에서 떨어진 거리가 약 16만 광년으로, 우리 은하에 가장 가까우며 크기는 우리 은하의 약 4분의 1이다.

소마젤란은하 Small Magellanic Cloud

소마젤란은하 역시 남반구에서 볼 수 있는 불규칙 은하이다. 태양계에서 약 20만 광년 떨어져 있으며, 크기는 우리 은하의 약 6분의 1이다. 대마젤란은하와 함께 우리 은하의 주위를 돌고 있는 '위성 은하'(또는 '동반 은하')로 보고 있다.

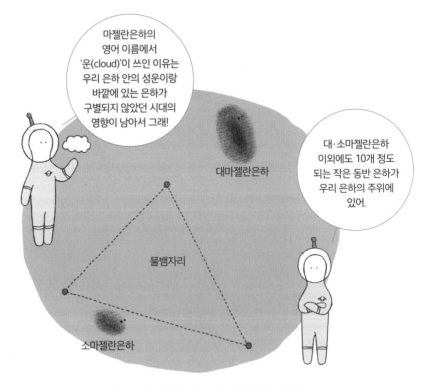

※ 최근 연구에서는 대·소마젤란은하가 우리 은하와 중력으로 이어진 위성 은하가 아니라, 우연히 근처에 있을 뿐이고 언젠가 멀어질 것이라는 설도 있다.

안드로메다은하

안드로메다은하(M31)는 안드로메다자리에 있고, 지구에서 보면 달 지름의 6배인 크기로 보이는 거대 나선 은하다. 태양계에서의 거리는 약 230만 광년이며 우리 은하의 두 배에 달하는 지름과 별들을 가지고 있는 것으로 짐작된다.

지금도 옛 이름인 '안드로메다대성운'으로 부르기도 해.

은하 중에서 육안으로 볼 수 있는 것은 대·소마젤란은하와 안드로메다은하까지 총 3개뿐이야!

안드로메다은하는 합체한 은하다?

안드로메다은하의 중심부에는 2개의 밝은 핵이 있는 것처럼 보이는데, 이 두 개의 천체를 두고 여러 가지 주장이 제기되고 있다. 그중 하나는 안드로메다은하는 예전에 두 은하가 합체해서 거대한 은하가 되었을지도 모른다는 주장이다.

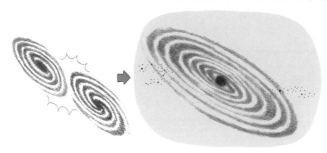

국부 은하군

국부 은하군(국소 은하군)은 우리 은하가 속한 은하군(31쪽)이다. 우리 은하와 안드로메다은하, **삼각형자리 은하**(M33)라는 3개의 큰 은하, 각각의 위성 은하와 왜소 은하 등 수백만 광년의 범위에 있는 50개 정도의 은하가 속해 있다. 그리고 그밖에도 아직 발견하지 못한 왜소 은하가 다수 있을 것으로 보인다.

국부 은하군(대표적 은하)

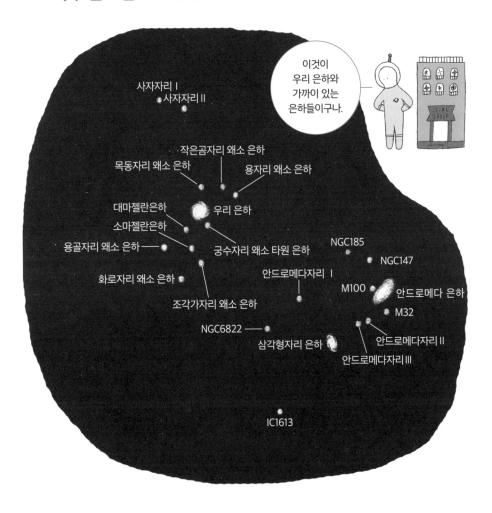

밀코메다

우리 은하와 안드로메다 은하는 중력 때문에 서로 끌어당겨서, 초속 약 300㎞로 가까워지고 있다. 가까워질수록 속도가 점점 늘어나 지금으로부터 약 40억 년 후에는 충돌하게 되고, 최종적으로는 합체해서 하나의 거대한 타원 은하 '밀코메다'가 될 것으로 예상한다.

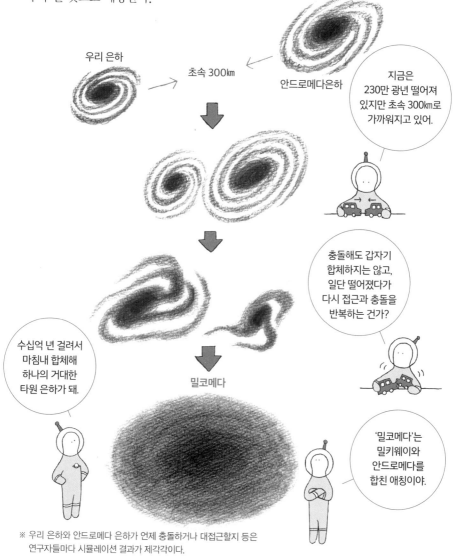

우리 은하

초속 300㎞

안드로메다은하

지금은 230만 광년 떨어져 있지만 초속 300㎞로 가까워지고 있어.

충돌해도 갑자기 합체하지는 않고, 일단 떨어졌다가 다시 접근과 충돌을 반복하는 건가?

수십억 년 걸려서 마침내 합체해 하나의 거대한 타원 은하가 돼.

밀코메다

'밀코메다'는 밀키웨이와 안드로메다를 합친 애칭이야.

※ 우리 은하와 안드로메다 은하가 언제 충돌하거나 대접근할지 등은 연구자들마다 시뮬레이션 결과가 제각각이다.

더듬이 은하

더듬이 은하(안테나 은하라고도 한다.)는 까마귀자리에 있는 한 쌍의 은하이다. 두 은하(NGC4038과 NGC4039)는 수억 년 전에 충돌했다가 다시 제각기 빠져나갔고, 은하에서 튀어나온 별들로 이루어진 두 개의 긴 더듬이 같은 구조가 생겨났다.

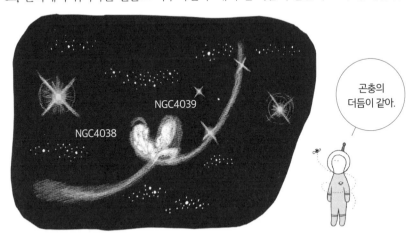

곤충의 더듬이 같아.

수레바퀴 은하

수레바퀴 은하는 조각가자리에 있는 렌즈형 은하(207쪽)이다. 약 2억 년 전에 다른 작은 은하의 중심 근처를 통과했는데, 그때 충격을 받아 새로운 별이 폭발적으로 탄생한 것으로 추측한다.

통과한 작은 은하가 오른쪽 위에 보여.

통과한 은하

수레바퀴 은하

은하 충돌은 일상다반사?

은하의 표준 크기는 약 10광년인데, 은하단(31쪽) 속 은하들의 간격은 수백 광년이므로 은하끼리 충돌하는 것은 그리 드문 일이 아니다. 한편 은하 안에서 항성 간의 평균 거리는 항성 지름의 약 1000만 배이므로 은하가 충돌한다고 해도 은하의 별끼리 충돌할 가능성은 한없이 낮다.

은하끼리 부딪쳐도 은하 안에 있는 별들은 그냥 잘 피해서 빠져나가.

스타버스트

Starburst

은하끼리 충돌하거나 대접근을 하면 은하 안의 성간 물질이 충돌의 여파로 압축되고 밀도가 급속도로 높아진다. 그리하여 태양의 10배 이상 질량을 가진 항성이 단기간에 대량 탄생하게 된다. 이러한 현상을 **스타버스트**라고 한다.

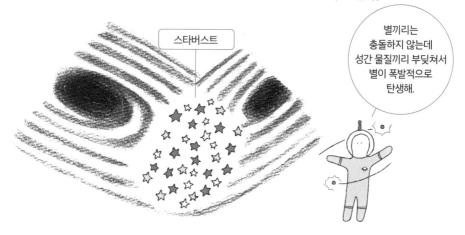

스타버스트

별끼리는 충돌하지 않는데 성간 물질끼리 부딪쳐서 별이 폭발적으로 탄생해.

처녀자리 은하단

처녀자리 은하단은 국부 은하군에서 가장 가까운 곳(태양계로부터 거리 약 5900만 광년)에 있는 은하단(31쪽)이다. 1200만 광년 정도의 넓이 속에 약 2000개의 은하가 무리를 이루고 있다.

처녀자리 은하단의 은하들(일부)

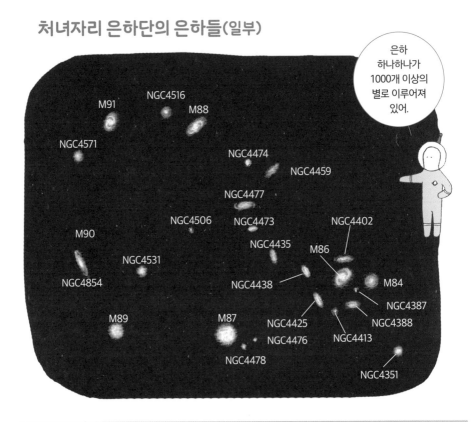

> 은하 하나하나가 1000개 이상의 별로 이루어져 있어.

M87

M87은 처녀자리 은하단의 중심에 자리 잡고 있는 거대한 타원 은하다. 우리 은하의 3배에 달하는 무게이며 중심부에는 태양의 약 60억 배나 되는 무게의 거대 질량 블랙홀이 숨어 있다. '울트라 맨'의 고향이 되었어야 할 은하로도 알려져 있다(145쪽).

은하단에서 X선이 나오는 이유는?

X선을 관측하는 인공위성으로 은하단을 관측하면, 은하단에서 강한 X선이 나오고 있다는 것을 알 수 있다. 은하단 내부에 온도가 수천만 도나 되는 플라스마 가스가 대량으로 존재하는데, 그곳에서 X선이 방출되는 것이다.

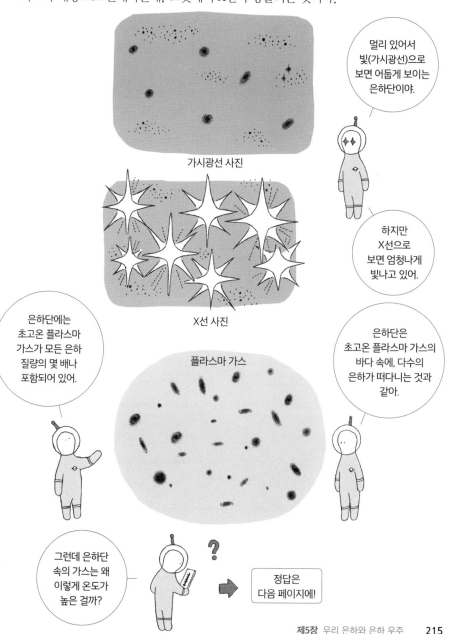

가시광선 사진

X선 사진

플라스마 가스

멀리 있어서 빛(가시광선)으로 보면 어둡게 보이는 은하단이야.

하지만 X선으로 보면 엄청나게 빛나고 있어.

은하단에는 초고온 플라스마 가스가 모든 은하 질량의 몇 배나 포함되어 있어.

은하단은 초고온 플라스마 가스의 바다 속에, 다수의 은하가 떠다니는 것과 같아.

그런데 은하단 속의 가스는 왜 이렇게 온도가 높은 걸까?

정답은 다음 페이지에!

암흑 물질

암흑 물질(다크 매터)은 빛 등 전자파를 방출·흡수하지 않아 눈에 보이지 않는데도 주변에 중력을 미치는 정체불명의 물질이다. 은하단의 내부와 은하의 주위에는 눈에 보이는 물질의 10~100배나 되는 질량의 암흑 물질이 숨어 있는 것으로 짐작된다.

암흑 물질
(다크 매터)

암흑 물질은 성간운인 암흑 성운(142쪽)과는 전혀 다른 거야.

은하단 안에는 대량의 암흑 물질이 있다?

은하단에 있는 각 은하의 운동을 조사해 보니 모두 제각기 다른 방향으로 격렬하게 움직이고 있다는 사실을 발견했다. 그런데 은하가 은하단에서 점점 튀어나가지는 않는다. 이는 은하단에 대량으로 존재하는 암흑 물질이 강한 중력으로 은하를 잡아 주기 때문이다. 이 암흑 물질이 중력에 의해 압축되면서, 은하단 안의 가스 온도가 엄청나게 올라간다.

암흑 물질의 강한 중력이 격렬하게 운동하는 은하를 은하단 안에 잡아 두고 있어.

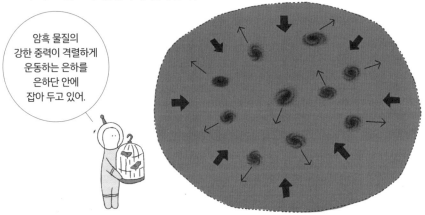

우리 은하는 암흑 물질에 휩싸여 있다?

우리 은하 안에서는 항성과 가스가 회전하고 있다. 보통은 은하의 바깥쪽으로 갈수록 회전 속도가 느려지는데, 바깥쪽에 있는 별과 가스도 빠르게 회전하고 있다. 그럼에도 별과 가스가 우리 은하 밖으로 빠져나가지 않는 것은 우리 은하 주위를 감싸고 있는 암흑 물질이 중력으로 끌어당기고 있기 때문이다.

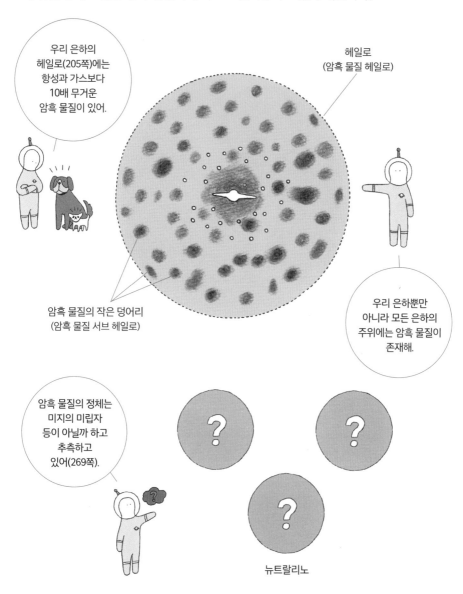

우리 은하의 헤일로(205쪽)에는 항성과 가스보다 10배 무거운 암흑 물질이 있어.

헤일로
(암흑 물질 헤일로)

암흑 물질의 작은 덩어리
(암흑 물질 서브 헤일로)

우리 은하뿐만 아니라 모든 은하의 주위에는 암흑 물질이 존재해.

암흑 물질의 정체는 미지의 미립자 등이 아닐까 하고 추측하고 있어(269쪽).

뉴트랄리노

중력 렌즈

중력 렌즈는 멀리 있는 천체의 빛이 가까이 있는 천체의 중력 때문에 진로가 꺾여 지구에 도달한 결과, 먼 천체의 상이 확대되거나 복수의 상이 보이는 현상을 말한다. 아인슈타인이 1936년 중력 렌즈 현상에 대한 논문을 썼고, 1979년에 실제 현상이 발견되었다.

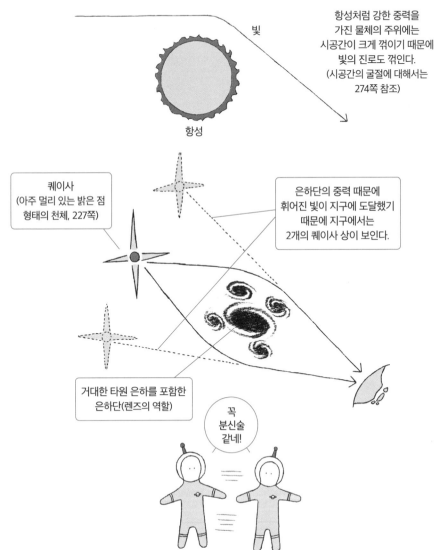

빛

항성

항성처럼 강한 중력을
가진 물체의 주위에는
시공간이 크게 꺾이기 때문에
빛의 진로도 꺾인다.
(시공간의 굴절에 대해서는
274쪽 참조)

퀘이사
(아주 멀리 있는 밝은 점
형태의 천체, 227쪽)

은하단의 중력 때문에
휘어진 빛이 지구에 도달했기
때문에 지구에서는
2개의 퀘이사 상이 보인다.

거대한 타원 은하를 포함한
은하단(렌즈의 역할)

꼭
분신술
같네!

다양한 중력 렌즈 현상

지구와 광원인 천체,
그리고 렌즈 천체가
일직선상에 있으면 생긴다.
'아인슈타인 고리'

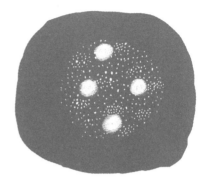

렌즈 천체의 중력 때문에
4개의 상이 보인다.
'아인슈타인 십자가'

지구에서 봤을 때 가까이에 있는 은하단의 중력 때문에
그 뒤에 있는 다수의 은하가 아크(호) 형태로 일그러진다.

중력 렌즈로 암흑 물질의 분포를 찾는다?

암흑 물질도 중력을 미치게 하기 때문에 그 뒤에 있는 은하의 빛은 중력 렌즈 효과를 받아 지구에 닿았을 때, 은하의 상이 살짝 일그러지는 '약한 중력 렌즈 효과'가 발생한다. 여러 은하의 상이 변형된 상태를 통계적으로 조사해서, 암흑 물질의 공간 분포를 찾아볼 수 있다.

초은하단

초은하단은 은하단과 은하군이 수십 개 이상, 1억 광년 이상의 거리에 걸쳐 이어져 있는 것을 말한다. 우리 은하를 포함해서 국부 은하군은 처녀자리 은하단(214쪽)을 중심으로 한 **처녀자리 초은하단**(국부 초은하단이라고도 한다.)에 속해 있다.

처녀자리 초은하단

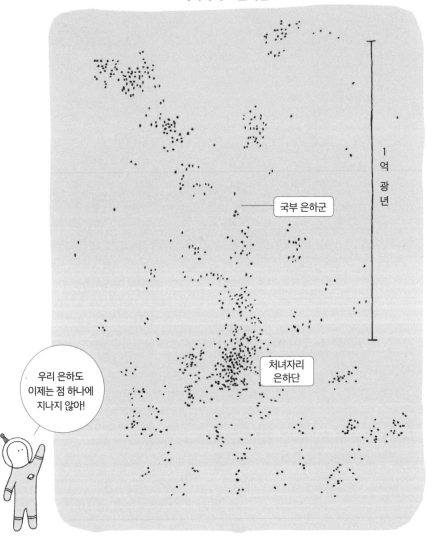

1억 광년

국부 은하군

처녀자리 은하단

우리 은하도 이제는 점 하나에 지나지 않아!

라니아케아 초은하단   Laniakea Supercluster

처녀자리 초은하단은 새로 존재가 확인된 **라니아케아 초은하단**이라는 아주 거대
한 초은하단의 일부라는 가설을 2014년에 하와이 대학의 연구 그룹이 발표했다.

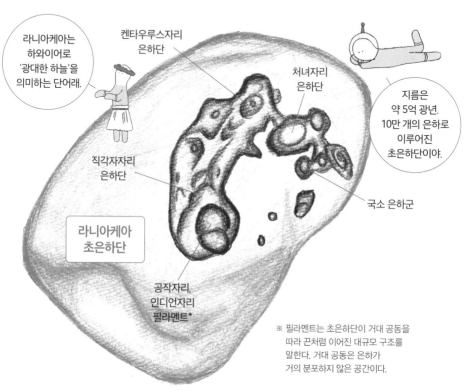

라니아케아는
하와이어로
'광대한 하늘'을
의미하는 단어래.

켄타우루스자리
은하단

처녀자리
은하단

지름은
약 5억 광년.
10만 개의 은하로
이루어진
초은하단이야.

직각자자리
은하단

국소 은하군

라니아케아
초은하단

공작자리,
인디언자리
필라멘트*

※ 필라멘트는 초은하단이 거대 공동을
따라 끈처럼 이어진 대규모 구조를
말한다. 거대 공동은 은하가
거의 분포하지 않은 공간이다.

"PLANES OF SATELLITE GALAXIES AND THE COSMIC WEB." BY NOAM I. LIBESKIND ET AL., IN MONTHLY NOTICES OF
THE ROYAL ASTRONOMICAL SOCIETY, VOL. 452, NO. 1; SEPTEMBER 1, 2015(inset slab); DANIEL POMARÈDE, HÉLÈNE M.
COURTOIS, YEHUDA HOFFMAN AND BRENT TULLY(data for Laniakea illustration)을 참고하여 그림.

보이드   Void

우주에는 초은하단이라는 은하가 밀집된 영역이 있는 한편, 수억 광년의 범위에
걸쳐 은하가 거의 존재하지 않는 영역도 있다. 이러한 영역을 **보이드**(공동의 의
미)라고 한다.

우주 거대 구조 Large-scale structure of the cosmos

우주 거대 구조란 우주에서 은하가 그물코 같은 모양으로 분포하고 있는 구조를 말한다. 그물 부분에 은하가 집중 분포되어 은하단과 초은하단을 형성하고, 그물 내부에는 은하가 존재하지 않는 보이드(221쪽)로 되어 있다.

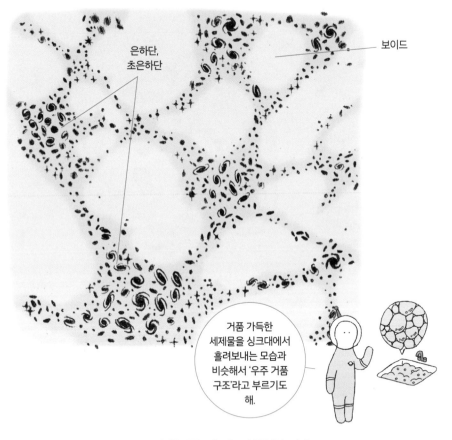

은하단, 초은하단

보이드

거품 가득한 세제물을 싱크대에서 흘려보내는 모습과 비슷해서 '우주 거품 구조'라고 부르기도 해.

우주 거대 구조는 암흑 물질이 만들었다?

우주 역사에서는, 제일 먼저 중력에 의해 암흑 물질이 모여 '구조의 씨앗'을 형성하고 그 후에 보통 물질(별, 은하를 이루는 물질)이 모이면서 별과 은하가 탄생해 우주 거대 구조를 만들었다고 보고 있다. 그러니까, 우주 거대 구조를 만든 것은 눈에 보이지 않는 암흑 물질인 셈이다.

거대 장벽

거대 장벽은 지구로부터 약 2억 광년 떨어진 위치에 있는, 막대한 수의 은하가 6억 년이 넘는 길이로 이어진 '벽' 같은 구조다. 우주에서 지금까지 밝혀진 가장 큰 구조물 중 하나이다.

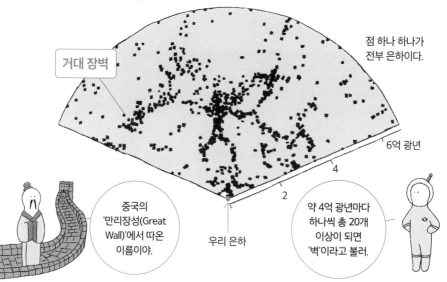

점 하나 하나가 전부 은하이다.

거대 장벽

6억 광년

4

2

중국의 '만리장성(Great Wall)'에서 따온 이름이야.

우리 은하

약 4억 광년마다 하나씩 총 20개 이상이 되면 '벽'이라고 불러.

슬론 디지털 스카이 서베이

슬론 디지털 스카이 서베이(SDSS)는 전체 밤하늘의 25% 범위 내에 있는 은하의 지도를 만드는 프로젝트로, 미국, 독일, 일본 공동으로 펼친다. 미국 뉴멕시코주에 설치된 전용 망원경으로 이미 1억 개가 넘는 은하를 검출하여, 3차원적인 은하 분포도를 그렸다.

우주 지도가 점점 그려지고 있어.

Ia형 초신성

Ia형 초신성은 초신성(22쪽)의 종류 중 하나로 백색 왜성(159쪽)이 격하게 폭발할 때 탄생한다.

Ia형 초신성의 탄생 구조

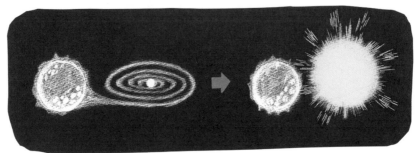

가까운 별에서 가스가 흘러나와 백색 왜성에 쌓인다.

백색 왜성의 중심부가 고온이 되면서 핵융합이 급격하게 진행되어 초신성 폭발을 일으킨다.

※ 초신성의 종류는 그밖에도 Ⅰb형, Ⅰc형, Ⅱ형이 있는데, 관측되는 스펙트럼(182쪽)이 저마다 다르다.

Ia형 초신성은 '거리의 척도'?

Ia형 초신성은 '절대 등급으로 최대 밝기가 전부 똑같다.'는 사실이 밝혀졌다. 따라서 최대 밝기가 겉보기에 어두울수록 멀리 위치해 있다는 것을 알 수 있기 때문에, Ia형 초신성이 나타난 은하까지의 거리를 측정하는 척도가 된다.

수십억 광년 떨어진 은하까지의 거리를 측정할 때 Ia형 초신성을 이용해.

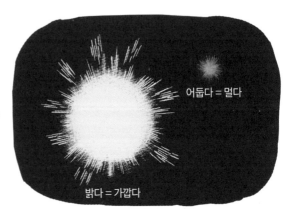

어둡다 = 멀다

밝다 = 가깝다

툴리-피셔 관계

Tully-Fisher relation

툴리-피셔 관계는 '나선 은하의 절대 광도는 은하 회전 속도의 네제곱에 비례한다.'
라는 관계 법칙이다. 이 관계를 이용해서 먼 나선 은하까지의 거리를 구할 수 있다.

회전 속도

나선 은하의
회전 속도를 통해
은하의 절대 광도를
산출하면 겉보기 광도와
비교해서 거리를
알아낼 수 있어.

Ia형 초신성과
마찬가지로
수십억 광년 떨어진
은하까지의 거리를
알아낼 수 있어.

'우주 거리 사다리'란?

연주 시차(170쪽), H-R도(154쪽), 세페이드 변광성(174쪽), Ia형 초신성과 툴
리-피셔 관계. 이런 식으로 거리가 가까운 천체에서 거리가 먼 천체까지 사다리
를 하나하나 이어서 거리를 측정하는 방법을 '**우주 거리 사다리**'라고 부른다.

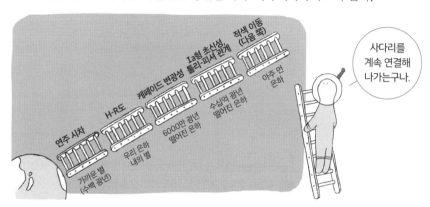

적색 이동
(다음 쪽)

Ia형 초신성·
툴리-피셔 관계

케페이드 변광성

H-R도

연주 시차

아주 먼
은하

수십억 광년
떨어진 은하

6000만 광년
떨어진 은하

우리 은하
내의 별

가까운 별
(수백 광년)

사다리를
계속 연결해
나가는구나.

적색 이동

적색 이동은 지구에서 멀어지는 천체의 빛의 파장이 길게 늘어나며 관측되는 현
상이다. 태양이 주로 내뿜는 노란빛을 중심으로 생각했을 때, 붉은빛은 노란빛보
다 파장이 길기 때문에 천체의 빛이 적색 쪽으로 치우쳐서 이런 이름이 붙었다.

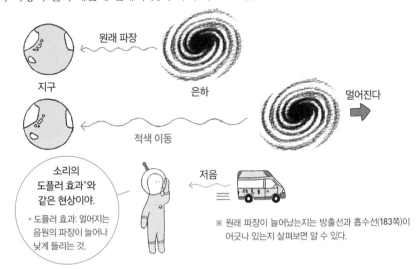

소리의
도플러 효과*와
같은 현상이야.

* 도플러 효과: 멀어지는
음원의 파장이 늘어나
낮게 들리는 것.

※ 원래 파장이 늘어났는지는 방출선과 흡수선(183쪽)이
어긋나 있는지 살펴보면 알 수 있다.

아주 먼 은하까지의 거리는 적색 이동으로 조사한다

우주는 팽창(232쪽)하고 있어서, 먼 은하일수록 지구로부터 빠른 속도로 멀어지
고 있음이 관측되었다. 따라서 은하의 후퇴 속도를 통해 은하까지의 거리를 측
정해 볼 수 있다. 빠르게 멀어질수록 그 은하의 빛이 길게 늘어지므로 은하의 빛
은 적색 이동 정도를 알아보면 거리를 알아낼 수 있다.

적색 이동의 크기는
파장이 2배로
늘어날 경우 '1', 3배로
늘어날 경우 '2'로
정의해.

적색 이동	거리(※)
0.1	약 12억 광년
0.5	약 50억 광년
1	약 80억 광년
2	약 105억 광년

※ 10억 광년을 넘어서는 '우주론적 거리'일 경우, 거리를 정의하는 방법은 '광도 거리'와 '공동 거리' 등 몇 가지가 있
는데, 마찬가지로 적색 이동 값에 대한 각 거리 값이 다르다. 따라서 거리(광년)로는 환산할 수 없고 적색 이동의
값이나 적색 이동에 대응하는 우주 나이로 표현하는 것이 일반적이다. 위의 거리 값은 어디까지나 기준의 하나로
이해해 주기 바란다.

퀘이사

퀘이사는 항성처럼 '점' 형태로만 보이는데도 수십억 광년 이상이나 멀리서 강렬한 빛과 전파를 내뿜는 천체이다. '준성전파원'이라고도 한다. 퀘이사라는 말은 '준항성체(quasi-stellar)'라는 단어의 단축형이다.

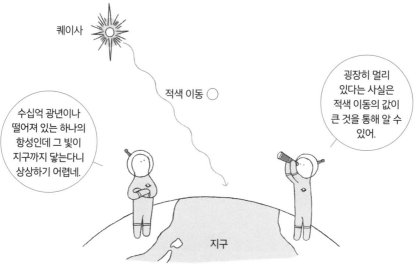

퀘이사

적색 이동 ○

수십억 광년이나 떨어져 있는 하나의 항성인데 그 빛이 지구까지 닿는다니 상상하기 어렵네.

굉장히 멀리 있다는 사실은 적색 이동의 값이 큰 것을 통해 알 수 있어.

지구

퀘이사의 정체는?

퀘이사의 정체는 아주 멀리 있는 젊은 은하의 중심부(활동성 은하핵이라고 한다.)로 짐작한다. 은하의 중심부에는 몹시 거대한 블랙홀이 있고, 그 주위에서 강력한 빛과 전파가 방출되고 있다.

퀘이사에서 은하 100개에 해당하는 막대한 에너지가 방출되고 있어.

퀘이사의 빛이 너무 강해서 은하 전체의 빛이 가려지고 말기 때문에 점 형태로 보이는 거야.

퀘이사
(상상도)

09

허셜

1738년 ~ 1822년

독일에서 태어난 영국 천문학자 윌리엄 허셜(William Herschel)은 작곡가와 오르간 연주자로 활약하면서 취미로 갖고 있던 천체 관측에 점점 몰입하기 시작했다. 새로운 행성인 천왕성(96쪽)을 발견하기도 하고, 별들의 상세한 분포를 조사해 태양계를 둘러싼 별의 대집단, 즉 우리 은하(199쪽)를 그리기도 했다.

허셜은 적외선(284쪽)을 발견하기도 했다.

10

아인슈타인

1879년 ~ 1955년

독일 출신의 물리학자 알베르트 아인슈타인(Albert Einstein)은 26세라는 젊은 나이에 특수 상대성 이론(272쪽)을 발표하며 물리학의 상식을 뒤집었다. 그 후 10년에 걸쳐 새로운 중력 이론인 일반 상대성 이론(274쪽)을 완성했다. 빅뱅 이론(236쪽)과 중력파(288쪽), 중력 렌즈(218쪽) 모두 일반 상대성 이론을 바탕으로 하고 있다는 점에서도 아인슈타인이 얼마나 위대한지 잘 알 수 있다.

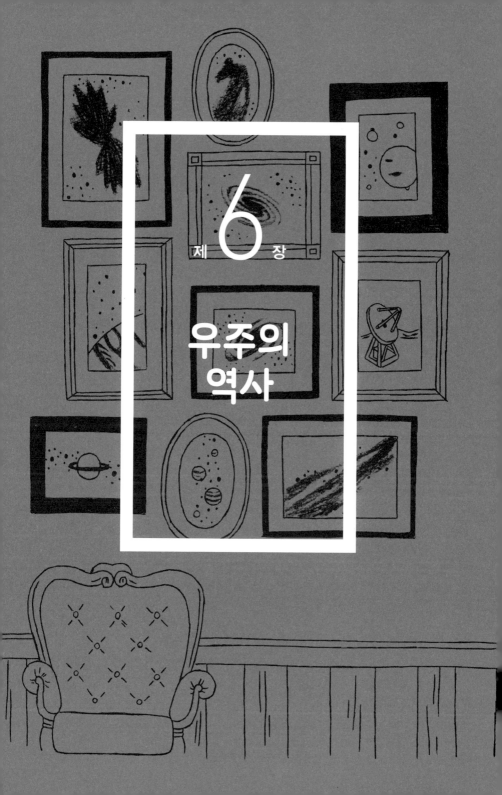

제 6 장

우주의
역사

우주론

우주론은 천문학의 한 분야로 우주 전체의 구조와 운동, 그리고 우주의 역사와 기원에 대해 연구한다. '우주에는 끝이 있을까'라든지 '우주에는 시작과 끝이 있을까'와 같은, 우주 전체의 문제를 다룬다.

기독교에서 말하는
'천지 창조'

힌두교의
'우주 창조의 태고'

종교나 신화에
등장하는 우주 = 이 세계의
성립에 대해 과학적인 말로
설명하는 것이
현대 우주론이야.

올베르스의 역설

올베르스의 역설이란 19세기 독일의 천문학자 올베르스(Heinrich Wilhelm Matthias Olbers)가 주장한 역설(모순)이다. 올베르스는 '밤하늘의 별이 태양과 같은 밝기를 지니고, 심지어 무한하게 넓은 우주 속에서 별이 거의 균등하게 분포하고 있다면 밤하늘은 무수한 별로 가득 차서 낮보다 더 밝을 것이 틀림없다.'라고 주장했다.

밤하늘은 무수한 별로 꽉 차서 밝아야 하는데 이상하네?

올베르스

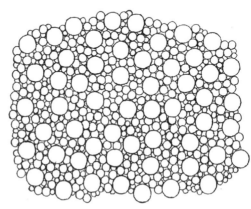

※ 별의 겉보기 밝기는 거리의 제곱에 비례해서 줄어드는데, 우주에 별이 균등하게 분포하고 있다면 별의 개수는 거리의 세제곱에 비례해서 늘어나므로 멀리 있는 별은 어두워도 그 수가 점점 늘어나 빛의 총량은 오히려 늘어나게 된다.

역설의 해결 방법은?

우리가 사는 우주는 계속 팽창하고 있다. 이 말은 곧 옛날에는 우주가 작게 수축된, 요컨대 우주에 '시작'이 있었다는 이야기가 된다. 따라서 우주가 탄생해 현재에 이르기까지의 시간은 유한하기 때문에, 우리는 가까이에 있는 별밖에 볼 수 없으므로 밤하늘은 밝지 않고 어둡다. 먼 곳의 별빛은 아직 지구에 닿지 않았기도 했으니 말이다. 또, 우주 팽창에 따른 적색 이동(226쪽) 때문에 멀리 있는 별빛(가시광선)의 파장이 적외선 영역까지 길어져 우리 눈에 보이지 않기 때문에 밤하늘이 어두운 것이다.

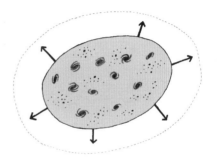

우주 팽창이란 우리의 우주가 팽창해서 계속 커진다는 것을 말한다. 우주의 '모서리'만 점점 퍼지는 게 아니라 풍선이 부풀듯이 우주 전체(=우리가 사는 공간 전체)가 점점 커진다.

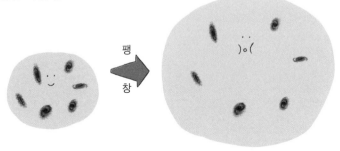

우주가 팽창하면 태양과 지구는 멀어질까?

지구는 태양의 중력을 받아 강하게 이끌리고 있으므로 지구와 태양 사이의 거리는 우주 팽창에 따른 변화가 전혀 없다. 우리 은하에 있는 별들끼리도 중력으로 서로를 끌어당기고 있기 때문에 우주 팽창의 영향을 받지 않는다. 반면 멀리 떨어진 은하와 은하는 우주 팽창 때문에 서로 점점 멀어지고 있다.

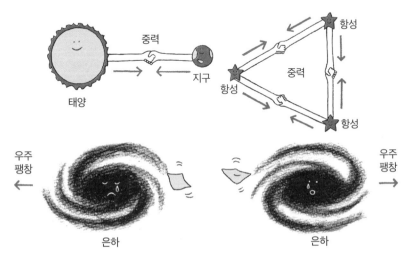

※ 같은 은하단(31쪽)에 있는 은하끼리는 중력 때문에 서로를 끌어당기는 힘이 우주 팽창을 이긴다.
  하지만 다른 은하단에 속한 은하와는 우주 팽창의 영향을 받아 점점 멀어진다.

아인슈타인의 정지 우주 모델

아인슈타인의 정지 우주 모델이란 아인슈타인(228쪽)이 1917년에 발표한 우주 모델이다. 아인슈타인은 우주는 은하와 은하단 등의 중력 때문에 수축하려고 하지만, 우주 공간이 미지의 반발력을 가지고 있어서 양쪽의 힘이 균형을 이루면서 우주가 같은 크기를 유지(정지)하고 있다고 주장했다.

우주 전체가 어떤 모습을 하고 있는지 일반 상대성 이론으로 생각해 보자.

아인슈타인

일반 상대성 이론

※ 일반 상대성 이론은 274쪽 참조

은하와 은하단 등의 중력 때문에 우주 전체가 수축해서 찌그러지고 말겠지. 이건 말이 안 돼!

우주 공간 자체가 미지의 반발력을 가진다고 생각하면 우주가 찌그러지지 않아!

※ 아인슈타인의 시대(20세기 초)에는 우주가 팽창하거나 수축하지 않고 영원히 같은 크기를 유지한다고 생각했다.

허블 법칙

허블 법칙이란 미국의 천문학자 에드윈 허블(254쪽)이 발견한 '은하의 후퇴 속도
는 은하까지의 거리에 비례한다.'라는 법칙이다. 이 법칙을 발견하면서, 우주가
팽창한다는 사실이 확인되었다.

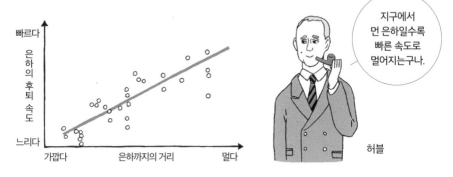

허블

> 지구에서
> 먼 은하일수록
> 빠른 속도로
> 멀어지는구나.

왜 허블 법칙이 우주 팽창의 증거일까?

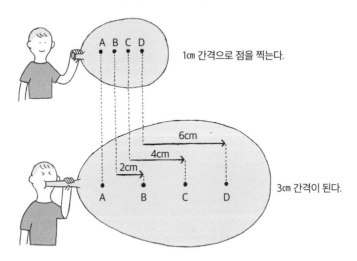

풍선에 바람을 넣으면, 어느 점에서 봐도 자기에게서 먼 쪽의 점일수록 크게(빠르게) 멀어진다. 이와 마찬가지로 멀리 있는 은하일수록 빠른 속도로 멀어지는
것은 은하가 존재하는 우주 자체가 풍선처럼 팽창하기 때문임을 알 수 있다.

아인슈타인은 틀리지 않았다?

아인슈타인은 허블 법칙을 발견했다는 사실을 알고 우주 팽창 사실을 인정하며 우주의 크기가 불변하다던 자신의 주장을 철회했다. 하지만 최근 관측을 통해 우주는 '미지의 반발력'을 가지고 있다는 사실이 밝혀졌다(245쪽).

우주 공간이 미지의 반발력을 가진다고 생각한 건 내 일생일대의 실수야……

허블 상수

Hubble constant

허블 상수는 허블 법칙에서 우주의 팽창 속도(팽창률)를 나타내는 비례 상수다.

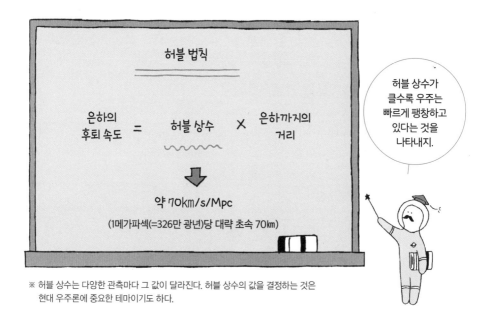

허블 법칙

은하의 후퇴 속도 $=$ 허블 상수 $\times$ 은하까지의 거리

⬇

약 70km/s/Mpc

(1메가파섹(=326만 광년)당 대략 초속 70km)

허블 상수가 클수록 우주는 빠르게 팽창하고 있다는 것을 나타내지.

※ 허블 상수는 다양한 관측마다 그 값이 달라진다. 허블 상수의 값을 결정하는 것은 현대 우주론에 중요한 테마이기도 하다.

빅뱅 이론

Big bang theory

빅뱅 이론이란 우주는 원래 몹시 뜨겁고 밀도 높은 '작은 불덩어리'였는데 팽창을 거듭한 끝에 지금처럼 차갑고 광대한 우주가 되었다고 주장하는 팽창 우주론이다. 러시아 출신의 물리학자 **가모브**(254쪽)를 비롯한 학자들이 1948년에 제창하였다.

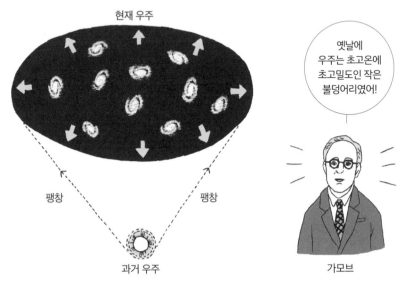

옛날에 우주는 초고온에 초고밀도인 작은 불덩어리였어!

가모브

초기 우주는 '핵융합로'였다?

우주에는 수소와 헬륨 등 가벼운 원소가 많이 존재한다. 이런 가벼운 원소는 초고온·초고밀도인 초기 우주에서 핵융합(40쪽)에 의해 만들어졌다고 가모브 연구팀은 생각했다.

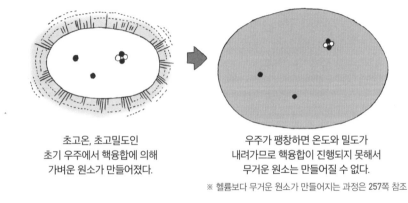

초고온, 초고밀도인 초기 우주에서 핵융합에 의해 가벼운 원소가 만들어졌다.

우주가 팽창하면 온도와 밀도가 내려가므로 핵융합이 진행되지 못해서 무거운 원소는 만들어질 수 없다.

※ 헬륨보다 무거운 원소가 만들어지는 과정은 257쪽 참조

빅뱅 이론이라는 이름은 반대자가 붙였다?

빅뱅 이론이라는 이름은 영국의 물리학자 **프레드 호일**(Fred Hoyle, 1915~2001)이 비유해서 부른 것이 유래가 되었다. 우주에 '시작'이 있다고 생각하는 빅뱅 이론은 전통 우주론과는 반대되는 내용이어서, 당시에는 지지하는 과학자가 많지 않았다.

우주가 대폭발(=빅뱅)해서 시작됐다니, 무슨 바보 같은 소리야!

호일

Big Bang !

정상 우주론　　Steady state cosmology

정상 우주론은 호일을 비롯한 학자들이 1948년에 주장한 우주론이다. 우주는 팽창하고 있지만, 진공에서 은하(물질)가 태어나 팽창에 의해 생긴 빈틈을 채우기 때문에 우주는 일정한 밀도와 온도를 유지한다고 주장하며, 우주에 시작이 있다는 빅뱅 이론에 대항했다.

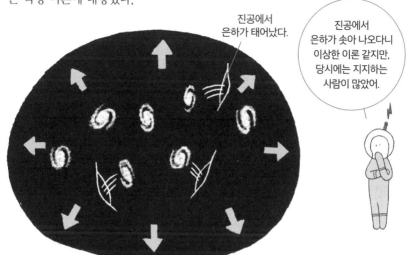

진공에서 은하가 태어났다.

진공에서 은하가 솟아 나오다니 이상한 이론 같지만, 당시에는 지지하는 사람이 많았어.

우주 배경 복사

우주 배경 복사는 우주의 모든 방향으로부터 24시간 내내 끊임없이 오는, 같은 파장과 같은 강도의 마이크로파(전파의 일종)이다. 1964년 미국의 통신 회사 기술자였던 아노 펜지어스(Arno Allan Penzias)와 로버트 윌슨(Robert Woodrow Wilson)이 우연히 발견했다.

마이크로파

일반 전파와 마이크로파는 안테나를 발생원에 향하게 했을 때만 수신할 수 있어.

우주의 모든 방향에서 24시간 내내 오는 마이크로파의 정체는 과연 뭘까?

펜지어스

윌슨

정체불명 마이크로파의 정체는 '빅뱅의 흔적인 빛'이었다!

빅뱅 이론을 주장한 가모브는 옛날 초고온인 우주 전체가 방출한 빛이 그 후 우주 팽창에 의해 파장이 길어졌고, 현재 우주에서는 전파와 마이크로파로 남아 있다고 예언했다. 펜지어스와 윌슨이 발견한 것은 이 마이크로파로, 빅뱅의 흔적인 빛이었다.

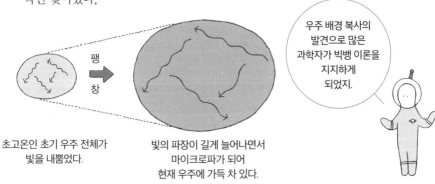

우주 배경 복사의 발견으로 많은 과학자가 빅뱅 이론을 지지하게 되었지.

팽창

초고온인 초기 우주 전체가 빛을 내뿜었다.

빛의 파장이 길게 늘어나면서 마이크로파가 되어 현재 우주에 가득 차 있다.

맑게 갠 우주

맑게 갠 우주란 탄생 후 '불투명'했던 뜨거운 우주가 팽창하면서 온도가 점점 내려가 '투명'해져서, 빛이 직진할 수 있게 된 상태를 말한다. 우주 탄생 후 약 38만 년이 지났을 때 일어났는데, 이 때 탄생한 '직진하는 빛'이 우주 배경 복사의 근원이 되었다.

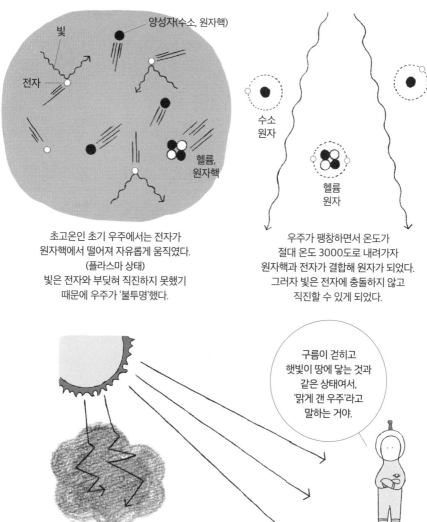

초고온인 초기 우주에서는 전자가
원자핵에서 떨어져 자유롭게 움직였다.
(플라스마 상태)
빛은 전자와 부딪혀 직진하지 못했기
때문에 우주가 '불투명'했다.

우주가 팽창하면서 온도가
절대 온도 3000도로 내려가자
원자핵과 전자가 결합해 원자가 되었다.
그러자 빛은 전자에 충돌하지 않고
직진할 수 있게 되었다.

구름이 걷히고
햇빛이 땅에 닿는 것과
같은 상태여서,
'맑게 갠 우주'라고
말하는 거야.

급팽창 이론

급팽창 이론은 우주가 탄생한 직후 순식간에 기하급수적으로 커지는 급팽창(인플레이션)을 일으켰다고 주장하는 이론이다. 1980년 미국의 **앨런 구스**(Alan Harvey Guth)와 일본의 **사토 가츠히코**(佐藤勝彦)가 각자 독자적으로 제창했다.

기존 관점	급팽창 이론

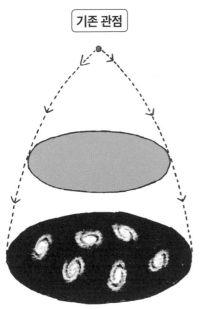

우주는 느릿느릿 감속 팽창(팽창의
비율이 줄어드는 팽창)을 이어 왔다.

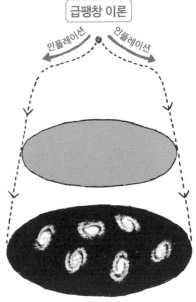

우주는 탄생한 직후 급격한
가속 팽창(팽창의 비율이 커지는 팽창)을
한 다음, 감속 팽창으로 전환했다.

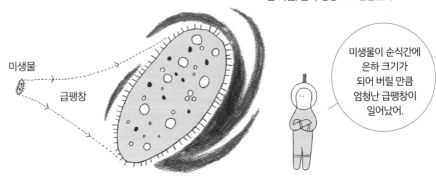

미생물

급팽창

> 미생물이 순식간에
> 은하 크기가
> 되어 버릴 만큼
> 엄청난 급팽창이
> 일어났어.

※ 단, 급팽창 전 우주의 크기는 소립자보다도 훨씬 작았기 때문에,
   급팽창 종료 후 우주는 수십 ㎝ 정도의 크기였던 것으로 짐작된다.

급팽창 이론이 난제를 해결하다

우주의 곡률(250쪽)은 왜 거의 0인가 하는 '평탄성 문제', 정보 교환이 불가능할 정도로 멀리 떨어진 우주 영역끼리 왜 같은 성질을 지니고 있는가 하는 '지평성 문제' 등 당시 우주론은 빅뱅 이론만 가지고는 설명할 수 없는 수수께끼가 아주 많았다. 급팽창 이론은 이러한 난제를 명쾌하게 해결하는 데 성공했다.

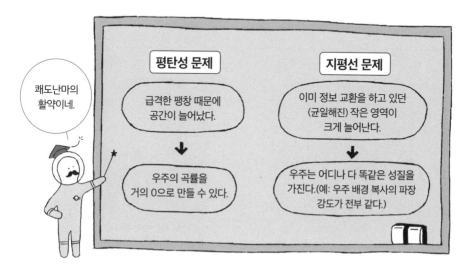

쾌도난마의 활약이네.

평탄성 문제
급격한 팽창 때문에 공간이 늘어났다.
↓
우주의 곡률을 거의 0으로 만들 수 있다.

지평선 문제
이미 정보 교환을 하고 있던 (균일해진) 작은 영역이 크게 늘어난다.
↓
우주는 어디나 다 똑같은 성질을 가진다.(예: 우주 배경 복사의 파장 강도가 전부 같다.)

급팽창이 빅뱅의 원인이었다!

급팽창이 끝나자 우주를 가속 팽창시킨 에너지가 막대한 열에너지가 되어, 우주를 아주 뜨겁게 가열시킨 것으로 보인다. 즉, 급팽창 때문에 우주가 빅뱅을 일으킨 것이다.

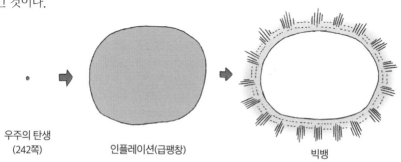

우주의 탄생
(242쪽)

인플레이션(급팽창)

빅뱅

※ 빅뱅이라는 말은 '우주의 시작'을 가리키는 경우도 있지만, 현대 우주론에 따르면 우주는 태어난 직후 급팽창을 일으켰고, 급팽창이 끝나자 초고온으로 가속되었다(즉, 빅뱅이 일어났다.)고 보고 있다.

무에서 우주가 탄생하다

무에서의 우주 탄생은 우주가 양자론(미시적 세계의 신기한 물리 법칙을 다루는 이론, 276쪽)같이 '무'에서 탄생했다고 보는 가설이다. 우크라이나 출신의 물리학자 알렉산더 빌렌킨(Alexander Vilenkin)이 1982년에 발표했다.

양자론에서의 '무'

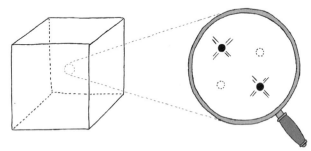

우리가 생각하는
'진공'과 '무'란 물질이 아무것도 없는
텅 빈 상태이다.

미시적 수준에서 보면
가상 미립자가 생기거나 사라진다.
유와 무의 사이에서 흔들리고 있는 상태이다.

빌렌킨이 말하는 '우주 탄생'

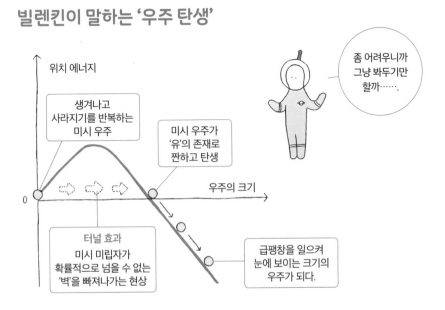

위치 에너지

생겨나고
사라지기를 반복하는
미시 우주

미시 우주가
'유의 존재로
짠하고 탄생

우주의 크기

0

터널 효과
미시 미립자가
확률적으로 넘을 수 없는
'벽'을 빠져나가는 현상

급팽창을 일으켜
눈에 보이는 크기의
우주가 된다.

좀 어려우니까
그냥 봐두기만
할까……

무경계 가설

무경계 가설(하틀·호킹의 경계 조건)은 우주가 '하나의 점'이 아니라 '미끈미끈'한 상태에서 출발했다는 가설이다. 미국의 **제임스 하틀**(James Burkett Hartle)과 영국의 **스티븐 호킹**(Stephen William Hawking)이 1982년에 발표했다.

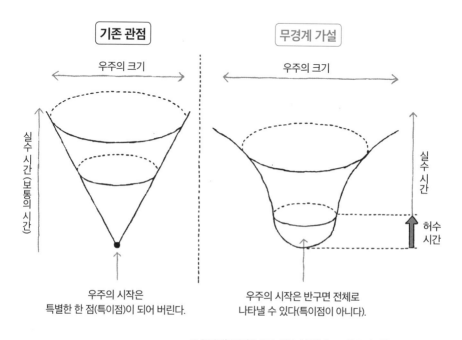

기존 관점

우주의 크기

실수 시간(보통의 시간)

우주의 시작은
특별한 한 점(특이점)이 되어 버린다.

무경계 가설

우주의 크기

실수 시간

허수 시간

우주의 시작은 반구면 전체로
나타낼 수 있다(특이점이 아니다).

※ 특이점(168쪽)은 온도, 밀도가 무한대로 모든 물리 법칙이 깨져 버리기 때문에 우주가 특이점에서 시작된다는 것은 말이 되지 않았다.

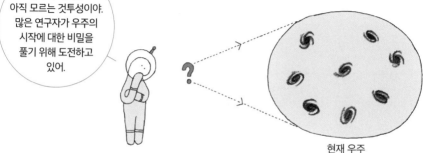

우주의 시작은
아직 모르는 것투성이야.
많은 연구자가 우주의
시작에 대한 비밀을
풀기 위해 도전하고
있어.

?

현재 우주

우주 가속 팽창

우주 가속 팽창은 우주의 팽창이 점점 빨라지는 현상으로, 1998년에 발견되었다. 그전까지 우주의 팽창은 은하 등 우주 내부의 물질이 미치는 중력 때문에 제동이 걸려 감속하고 있다고 여겼기 때문에, 가속 팽창의 발견은 충격적이었다.

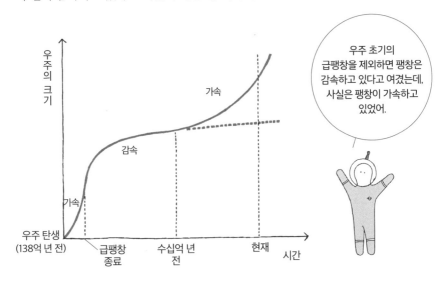

우주 초기의 급팽창을 제외하면 팽창은 감속하고 있다고 여겼는데, 사실은 팽창이 가속하고 있었어.

하늘에 던진 공이 점점 더 빨리 상승한다?

만약 하늘에 던진 공이 땅에 떨어지지 않고 오히려 갑자기 가속해서 상승을 이어 간다면 깜짝 놀랄 것이다. 우주의 가속 팽창도 이와 마찬가지다. 팽창이 감속하지 않고 오히려 가속하는, 말도 안 되는 일이 일어나고 있다.

믿을 수 없어!

암흑 에너지

암흑 에너지(다크 에너지)는 우주를 가속 팽창하게 만드는 '범인'이자 척력(반발력)을 미치는 미지의 에너지이다. 그 정체는 아직 아무것도 밝혀지지 않았다.

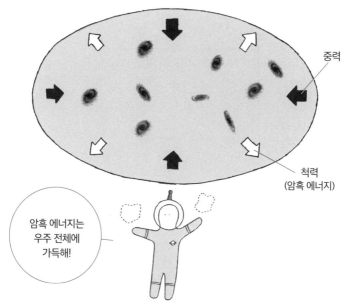

중력

척력
(암흑 에너지)

암흑 에너지는
우주 전체에
가득해!

우주의 95%는 정체불명!

우주의 구성 요소 중 바리온(양성자, 중성자 등)으로 이루어진 물질은 단 5%에 불과하다. 나머지는 암흑 물질(216쪽)과 암흑 에너지이다. 우리가 아직 정체를 모르는 물질과 에너지로 되어 있다.

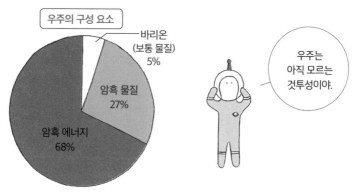

우주의 구성 요소

바리온
(보통 물질)
5%

암흑 물질
27%

암흑 에너지
68%

우주는
아직 모르는
것투성이야.

브레인 우주론

브레인 **우주론**(막 우주론)은 우리가 인식하고 있는 4차원 시공간(3차원 공간+1차원 시간) 우주는 더 고차원인 시공간 속을 표류하는 막(브레인) 같은 존재가 아닐까 하고 생각한다. 완전히 새로운 우주 모델이다.

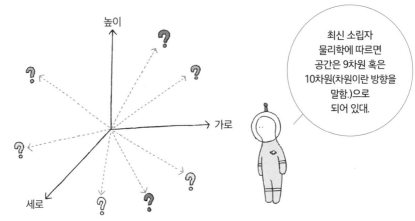

최신 소립자 물리학에 따르면 공간은 9차원 혹은 10차원(차원이란 방향을 말함.)으로 되어 있대.

왜 우리는 3차원 공간밖에 인식하지 못할까?

만화 속 인물들은 2차원 세계에 갇혀 있지.

마찬가지로 우리의 몸과 은하 그리고 우주 전체가 3차원 '브레인'에 갇혀 있는 거야.

브레인(막 우주)

※ 브레인이란 '얇은 막'을 의미하는 멤브레인(Membrane)에서 온 용어이다.
두뇌(brain)와는 아무 상관없다.

246

중력만이 브레인을 빠져나갈 수 있다?

우리는 3차원 브레인 안에서는 이동할 수 있지만, 브레인을 떠나 보이지 않는 다른 차원(잉여 차원이라고 부른다.) 방향으로 나아가기란 불가능하다. 하지만 중력만큼은 브레인에서 벗어나 잉여 차원까지 전해질 수 있다.

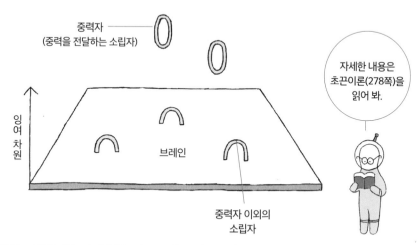

'중력파'로 잉여 차원의 존재를 확인할 수 있다?

초신성이 생길 때는 중력파(시공간의 일그러짐을 전달해주는 파, 288쪽)가 발생한다. 중력파는 잉여 차원에 전해지므로, 중력파를 자세히 관측하면 잉여 차원의 존재를 확인할 수 있을지도 모른다.

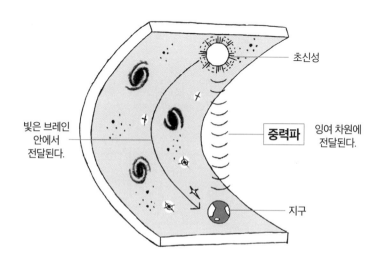

멀티버스

멀티버스는 '다중우주'를 의미하는 새로 만들어진 말이다. 우주는 우리가 살고 있는 곳뿐 아니라 여러 개의 우주가 존재한다고 생각하는 새로운 우주상이, 최근 들어 연구자들 사이에 퍼져 나가고 있다.

우주의 개수는 10의 200승 혹은 10의 500승이나 된다고 주장하는 연구자도 있어.

브레인 우주론이 생각하는 멀티버스

우리가 인식할 수 없는 잉여 차원이 작고 둥글게 엉켜 있는 고차원 시공간(칼라비-야우 다양체)에서 스로트(목구멍이라는 뜻)가 길게 나와 우리 우주(막 우주)와 접하고 있다. 게다가 고차원 시공간에서는 몇 개나 되는 스로트가 나와 또 다른 막 우주와 접하고 있다.

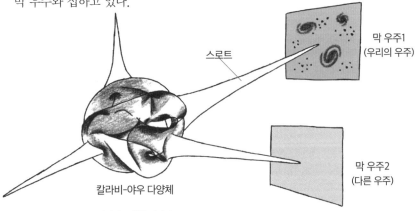

막 우주1
(우리의 우주)

스로트

막 우주2
(다른 우주)

칼라비-야우 다양체

※ 멀티버스는 브레인 우주론뿐 아니라
   다른 가설(이를테면 양자론의 '다세계 해석' 등)로도 유도된다.

에크파이로틱 우주

Ekpyrotic universe

에크파이로틱 우주는 역시 여러 막 우주가 스로트에 의해 접해 있을 때, 막 우주 끼리 충돌하고 튕겨 나가 팽창하고 다시 충돌하는 사이클을 가졌다는 가설이다. 미국의 **슈타인하르트**(Paul Steinhardt)를 비롯한 학자들이 주장했다.

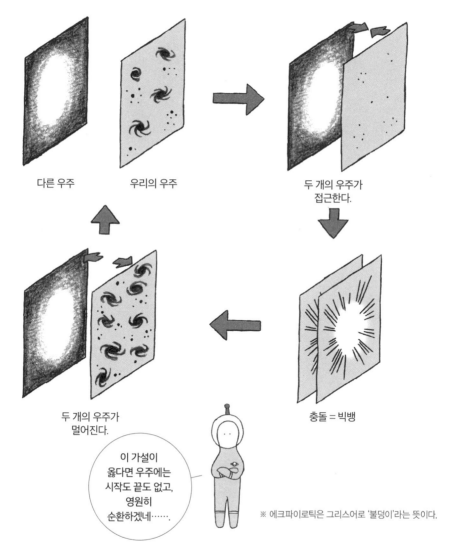

다른 우주   우리의 우주

두 개의 우주가
접근한다.

충돌 = 빅뱅

두 개의 우주가
멀어진다.

이 가설이
옳다면 우주에는
시작도 끝도 없고,
영원히
순환하겠네…….

※ 에크파이로틱은 그리스어로 '불덩이'라는 뜻이다.

제6장 우주의 역사   **249**

우주의 곡률

우주의 **곡률**이란 우주(시공간)가 '휘어진 정도'를 나타내는 값이다. 곡률값은 우주 내부에 물질과 에너지가 얼마나 있는지에 따라 결정된다.

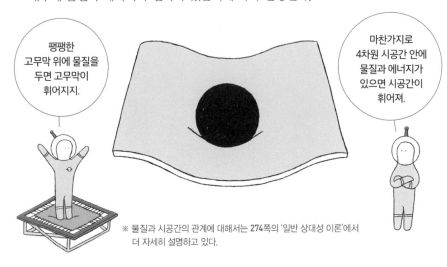

팽팽한 고무막 위에 물질을 두면 고무막이 휘어지지.

마찬가지로 4차원 시공간 안에 물질과 에너지가 있으면 시공간이 휘어져.

※ 물질과 시공간의 관계에 대해서는 274쪽의 '일반 상대성 이론'에서 더 자세히 설명하고 있다.

우주의 곡률과 '임계량'

우주에 존재하는 물질과 에너지가 일정한 수치(임계량이라고 한다.)보다 더 많으면 우주의 곡률은 +값이 된다. 또한, 임계량보다 적을 때 곡률은 −값, 임계량과 같다면 곡률은 0이 된다.

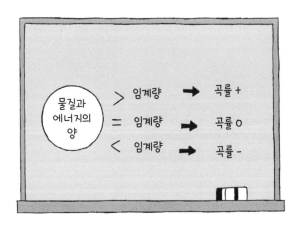

우주를 관측해서, 우주의 곡률이 거의 0이라는 것을 알아냈어.

우주에는 '평탄한 우주', '닫힌 우주', '열린 우주'가 있다?

곡률이 0인 우주를 '평탄한 우주'라고 한다. 평탄한 우주는 2차원에서 '평면'에 해당한다. 곡률이 +인 우주와 −인 우주는 각각 '닫힌 우주', '열린 우주'라고 말한다. 역시 2차원에서 닫힌 우주는 '구면'에 해당하고, 열린 우주는 '말 안장' 같은 형태가 된다.

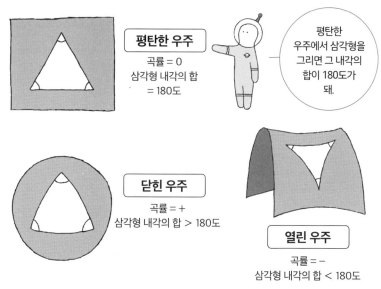

평탄한 우주

곡률 = 0
삼각형 내각의 합
= 180도

평탄한 우주에서 삼각형을 그리면 그 내각의 합이 180도가 돼.

닫힌 우주

곡률 = +
삼각형 내각의 합 > 180도

열린 우주

곡률 = −
삼각형 내각의 합 < 180도

우주의 곡률은 우주의 미래에 영향을 준다?

닫힌 우주의 경우, 우주에 존재하는 물질과 에너지의 중력 때문에 우주 팽창이 마침내 멈추고, 이제는 반대로 수축을 시작한다. 한편 평탄한 우주나 열린 우주는 물질과 에너지의 중력이 우주의 팽창을 멈추게 하지 못해서, 우주가 계속 팽창한다.

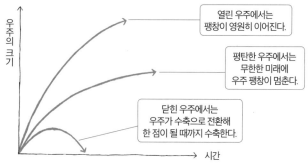

열린 우주에서는 팽창이 영원히 이어진다.

평탄한 우주에서는 무한한 미래에 우주 팽창이 멈춘다.

닫힌 우주에서는 우주가 수축으로 전환해 한 점이 될 때까지 수축한다.

우주의 크기

시간

※ 위 그래프는 암흑 에너지의 존재를 고려하지 않은, 단순히 모델만 놓고 본 이미지다.

빅 크런치

빅 크런치(대붕괴)란 우주의 마지막 형태에 대한 가설 중 하나이다. 우주의 팽창이 마침내 멈추고 수축으로 전환했을 때, 우주는 최종적으로 하나의 점까지 압축되고 만다.

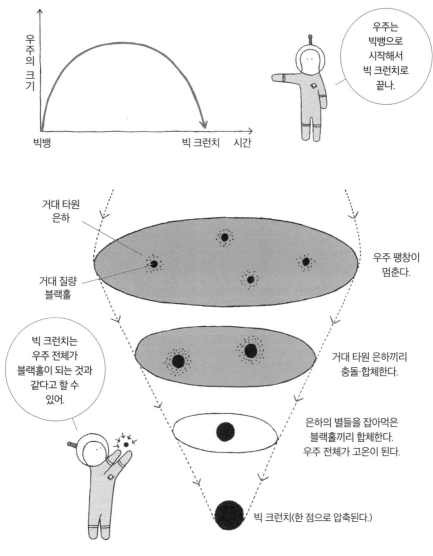

우주의 크기

빅뱅　　　　　　　　　　빅 크런치　시간

우주는 빅뱅으로 시작해서 빅 크런치로 끝나.

거대 타원 은하

거대 질량 블랙홀

빅 크런치는 우주 전체가 블랙홀이 되는 것과 같다고 할 수 있어.

우주 팽창이 멈춘다.

거대 타원 은하끼리 충돌·합체한다.

은하의 별들을 잡아먹은 블랙홀끼리 합체한다. 우주 전체가 고온이 된다.

빅 크런치(한 점으로 압축된다.)

빅립

빅 립 역시 우주의 최후에 대한 가설 중 하나이다. 우주의 팽창 속도가 급격하게 빨라져서 은하와 별, 우리의 몸, 그 모든 물질이 마구 갈라져 소립자가 된다는 몹시 파국적 결말이다.

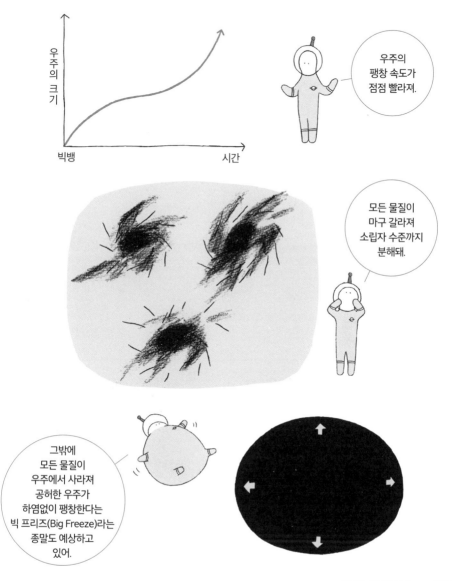

우주의 크기

빅뱅

시간

우주의 팽창 속도가 점점 빨라져.

모든 물질이 마구 갈라져 소립자 수준까지 분해돼.

그밖에 모든 물질이 우주에서 사라져 공허한 우주가 하염없이 팽창한다는 빅 프리즈(Big Freeze)라는 종말도 예상하고 있어.

11

허블

1889년 ~ 1953년

미국의 천문학자 허블(Edwin Powell Hubble)은 당시 세계 최대 구경을 자랑했던 2.5m 반사 망원경으로 안드로메다대성운(209쪽)을 관측했고, 이것이 사실은 우리 은하 밖에 있는 다른 은하라는 사실을 알아냈다.

또한 여러 많은 은하까지의 거리와 운동을 관측해서 허블 법칙(234쪽)을 발견했다. 이는 우주 팽창(232쪽)의 증거가 되었다.

12

가모브

1904년 ~ 1968년

우크라이나에서 태어난 미국 물리학자 가모브(George Gamow)는 우주에 수소와 헬륨 등 가벼운 원소가 많이 존재하는 이유가 무엇인지 생각한 끝에 '초고온 · 초고밀도인 초기 우주에서 핵융합이 일어나 가벼운 원소가 생겼다.'라는 빅뱅 이론을 제창했다.

가모브가 예언한 우주 배경 복사(238쪽)가 실제로 발견되면서 빅뱅 이론이 옳다는 사실이 증명되었다.

제 7 장

7

우주와
관련된
기초 용어

원소

우리 주변에는 다양한 종류의 물질이 있다. 물질은 몇 가지 '기본 성분' 조합으로 이루어져 있다. 이러한 기본 성분을 **원소**라고 부른다. 원소는 총 100종류 정도 있다.

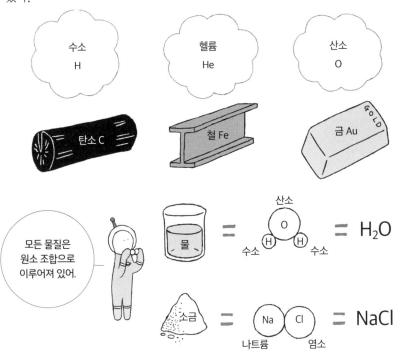

우주에는 어떤 원소가 많을까?

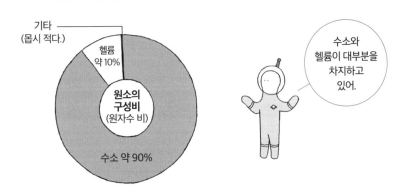

256

다양한 원소는 어떻게 탄생했을까?

가장 가벼운 원소인 수소와 두 번째로 가벼운 헬륨, 그리고 세 번째로 가벼운 리튬의 일부는 탄생 직후인 초고온의 초기 우주 속에서 만들어졌다(236쪽). 그리고 나머지 리튬부터 철까지의 원소는 항성 내부의 핵융합에 의해 탄생했다(162쪽). 철보다 무거운 원소는 예전에는 초신성 폭발 때 생겼다고 생각했으나, 최근 들어서는 중성자별(24쪽)끼리 합체하면서 생겼다는 설이 유력하다.

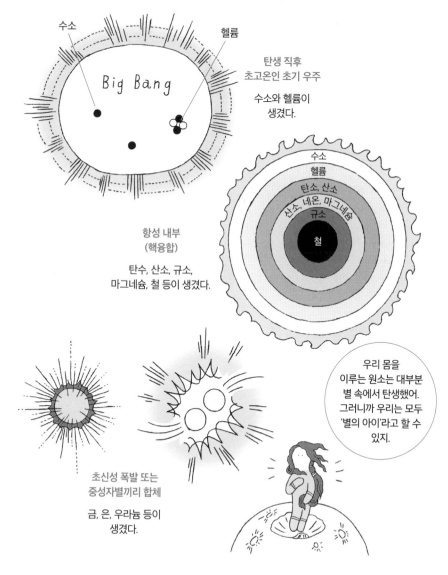

수소

헬륨

Big Bang

탄생 직후
초고온인 초기 우주

수소와 헬륨이
생겼다.

수소

헬륨

탄소, 산소

산소, 네온, 마그네슘

규소

철

항성 내부
(핵융합)

탄수, 산소, 규소,
마그네슘, 철 등이 생겼다.

초신성 폭발 또는
중성자별끼리 합체

금, 은, 우라늄 등이
생겼다.

우리 몸을
이루는 원소는 대부분
별 속에서 탄생했어.
그러니까 우리는 모두
'별의 아이'라고 할 수
있지.

원자

원자란 물질의 '최소 단위'인 미립자를 말한다. 원소는 모든 물질의 바탕이 되는 '기본 성분'이라고 했는데, 그 실체는 원자이다.

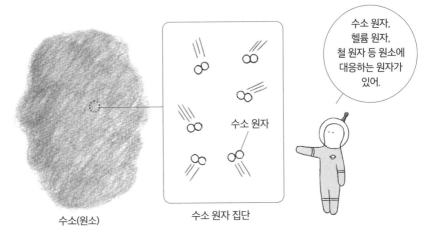

수소(원소)

수소 원자 집단

수소 원자,
헬륨 원자,
철 원자 등 원소에
대응하는 원자가
있어.

※ 실제로는 두 개의 수소 원자가 결합해서 수소 분자가 된다.

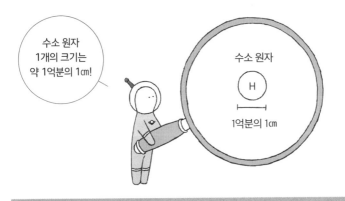

수소 원자
1개의 크기는
약 1억분의 1㎝!

수소 원자

H

1억분의 1㎝

분자

분자란 원자가 결합한 것으로, 각 물질의 성질을 지닌 최소 단위의 입자다. 예를 들어 물 분자는 산소 원자 1개와 수소 원자 2개로 이루어져 있다. 물 분자는 물의 성질이 있지만, 이것을 산소 원자와 수소 원자로 분리하면 물의 성질을 잃는다. 즉, 물의 최소 단위인 입자가 물 분자이다.

양성자/중성자/전자   Proton/Neutron/Electron

원자는 중심에 플러스 전기(전하라고 한다.)를 지닌 **원자핵**이 있고, 마이너스 전하를 띠는 전자가 바깥쪽을 도는 구조로 되어 있다. 원자핵은 플러스 전하를 지닌 **양성자**와 전하가 없는 **중성자**가 모여 구성한다. 전자 개수와 양성자의 개수는 어떤 원자든 동일하기 때문에, 원자 전체는 중성을 띤다.

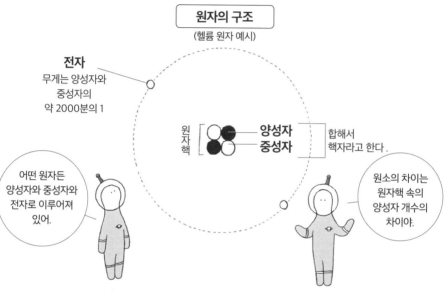

원자의 구조

(헬륨 원자 예시)

전자
무게는 양성자와
중성자의
약 2000분의 1

원자핵   **양성자**   합해서
    중성자   핵자라고 한다.

어떤 원자든
양성자와 중성자와
전자로 이루어져
있어.

원소의 차이는
원자핵 속의
양성자 개수의
차이야.

※ 위 그림은 모식도로 실제 구조와는 차이가 있다.

동위 원소   Isotope

동위 원소란 같은 원소(같은 양성자 개수)인데 원자핵 속 중성자의 개수가 다른 것을 말한다. 중성자의 개수가 달라서 무게가 다르지만, 화학적인 성질에는 차이가 없다.

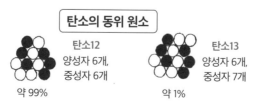

탄소의 동위 원소

탄소12
양성자 6개,
중성자 6개

약 99%

탄소13
양성자 6개,
중성자 7개

약 1%

쿼크

Quark

쿼크는 양성자와 중성자 등을 구성하는 **소립자**(궁극의 미립자)이다. 쿼크에는 몇 가지 종류가 있는데, 양성자는 업 쿼크 2개와 다운 쿼크 1개로, 중성자는 업 쿼크 1개와 다운 쿼크 2개로 이루어져 있다.

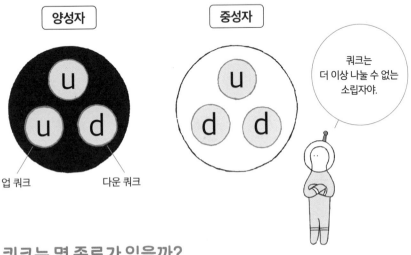

양성자

중성자

업 쿼크   다운 쿼크

쿼크는 더 이상 나눌 수 없는 소립자야.

쿼크는 몇 종류가 있을까?

쿼크는 총 여섯 종류가 있다. 질량이 가벼운 것부터 두 종류씩 제1세대, 제2세대, 제3세대 쿼크로 분류된다.

우리 주위에서 흔히 볼 수 있는 물질은 대부분 제1세대 쿼크로 이루어져 있어!

제1세대	제2세대	제3세대
u 업 쿼크	s 스트레인지 쿼크	b 보텀 쿼크
d 다운 쿼크	c 참 쿼크	t 탑 쿼크

가볍다 ◄───────► 무겁다

260

뉴트리노

뉴트리노(중성 미자)는 몹시 가볍고 다른 물질과 반응하지 않기 때문에 무엇이든 빠져나가는 유령 같은 소립자다. 소립자가 하나이고 전하도 없어서 붙여진 이름이다.

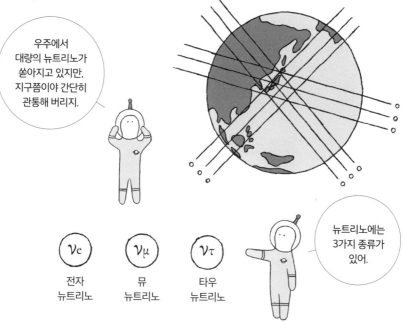

우주에서 대량의 뉴트리노가 쏟아지고 있지만, 지구쯤이야 간단히 관통해 버리지.

뉴트리노에는 3가지 종류가 있어.

ν_e 전자 뉴트리노

ν_μ 뮤 뉴트리노

ν_τ 타우 뉴트리노

뉴트리노가 '변신'한다고?

예전에는 뉴트리노가 질량이 0인 소립자라고 생각했다. 하지만 뉴트리노에 질량이 있음을 나타내는 증거(뉴트리노 진동이라는 현상)가, 슈퍼 가미오칸데(167쪽 가미오칸데의 후속 검출기)를 사용한 실험을 통해 발견되면서 그때까지의 상식이 확 뒤집혔다.

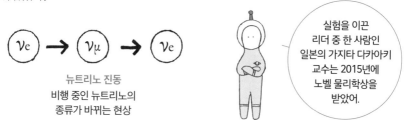

$\nu_e \rightarrow \nu_\mu \rightarrow \nu_e$

뉴트리노 진동
비행 중인 뉴트리노의
종류가 바뀌는 현상

실험을 이끈 리더 중 한 사람인 일본의 가지타 다카아키 교수는 2015년에 노벨 물리학상을 받았어.

반입자/반물질

Antiparticle/Antimatter

반입자란 어떤 입자와 질량이 같고 전하가 반대 부호인 입자를 말한다. 모든 소립자에는 짝을 이루는 반입자가 존재한다. 반입자로 이루어진 물질을 **반물질**이라고 한다. 반입자와 반물질은 우리 주변에는 거의 존재하지 않지만, 가속기(270쪽)를 써서 인공적으로 만들 수 있다.

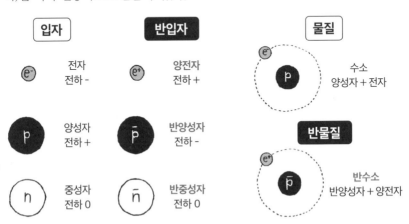

※ 반양성자와 반중성자는 3개의 반쿼크(쿼크의 반입자)로 이루어져 있다. 중성자도 반중성자도 전하가 0인 입자인데, 반중성자는 쿼크로 이루어져 있어서 중성자의 반입자가 된다.

입자와 반입자가 충돌하면 어떻게 될까?

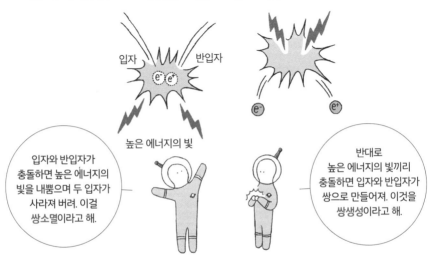

입자와 반입자가 충돌하면 높은 에너지의 빛을 내뿜으며 두 입자가 사라져 버려. 이걸 쌍소멸이라고 해.

높은 에너지의 빛

반대로 높은 에너지의 빛끼리 충돌하면 입자와 반입자가 쌍으로 만들어져. 이것을 쌍생성이라고 해.

반입자는 어디로 사라졌을까?

빅뱅 직후에 몹시 뜨거웠던 초기 우주는 높은 에너지의 빛끼리 충돌하여 입자와 반입자가 같은 개수만큼 쌍생성되었고, 또 그 입자와 반입자가 충돌해서 쌍소멸하는 것을 반복해 온 듯하다. 하지만 현재 우주에는 입자로 이루어진 물질밖에 보이지 않는다.

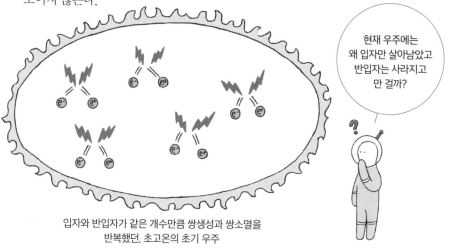

현재 우주에는 왜 입자만 살아남았고 반입자는 사라지고만 걸까?

입자와 반입자가 같은 개수만큼 쌍생성과 쌍소멸을 반복했던, 초고온의 초기 우주

고바야시 마스카와 이론 Kobayashi–Masukawa model

1973년, 당시 교토 대학에 있었던 **고바야시 마코토**(小林誠) 교수와 **마스카와 도시히데**(益川敏英) 교수는 당시 3종류밖에 알려지지 않았던 쿼크가 사실은 6종류가 있다고 예상했고, 그렇다면 초기 우주에서 입자의 수가 반물질의 수를 살짝 웃돌기 때문에 결과적으로 입자만 살아남았을 가능성이 있다는 사실을 밝혀냈다. 이를 **고바야시 마스카와 이론**이라고 한다. 두 사람은 2009년에 노벨 물리학상을 받았다.

사라진 반입자의 수수께끼는 아직 완전히 밝혀지지 않아서 현재도 계속 연구가 이어지고 있어.

마스카와 도시히데   고바야시 마코토

네 가지 힘

Four fundamental forces of nature

네 가지 힘(기본 상호 작용이라고도 한다.)은 소립자 사이에 작용하는 네 가지의 기본 힘(상호 작용)으로 **중력**, **전자기력**, **강력**, **약력**이 있다. 자연계에 존재하는 모든 힘은 그 근원을 파고들면 이 네 가지 힘 중 하나에 해당한다.

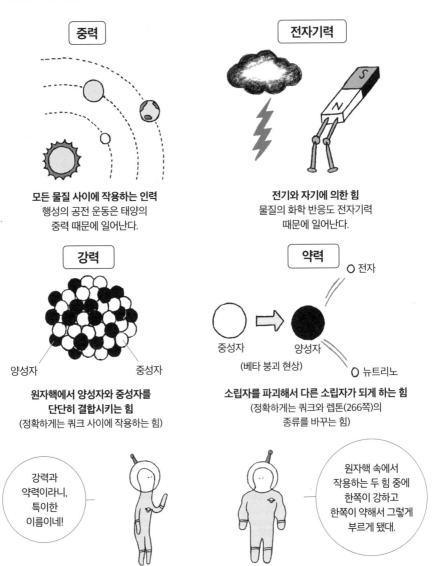

중력

모든 물질 사이에 작용하는 인력
행성의 공전 운동은 태양의
중력 때문에 일어난다.

전자기력

전기와 자기에 의한 힘
물질의 화학 반응도 전자기력
때문에 일어난다.

강력

양성자   중성자

**원자핵에서 양성자와 중성자를
단단히 결합시키는 힘**
(정확하게는 쿼크 사이에 작용하는 힘)

약력

○ 전자

중성자   양성자
(베타 붕괴 현상)

○ 뉴트리노

소립자를 파괴해서 다른 소립자가 되게 하는 힘
(정확하게는 쿼크와 렙톤(266쪽)의
종류를 바꾸는 힘)

강력과
약력이라니,
특이한
이름이네!

원자핵 속에서
작용하는 두 힘 중에
한쪽이 강하고
한쪽이 약해서 그렇게
부르게 됐대.

힘을 전달하는 것도 소립자의 임무?

소립자 이론에서는 소립자 사이에 힘이 작용할 때 힘을 매개로 한 소립자(통틀어 보손이라고 부른다.)가 교환된다고 보고 있다. 네 가지의 힘에 대해 네 종류의 소립자가 있다.

포톤(광자)
전자기력을 매개로 한다.

위크 보손
약력을 매개로 한다.

힘을 매개하는 소립자 중 그래비톤만 아직 발견되지 않았어.

글루온
강력을 매개로 한다.

그래비톤(중력자)
중력을 매개로 한다.

※ 포톤(광자)은 빛(전자파)을 소립자로 생각한 것이기도 하다.
※ 위크 보손에는 두 종류의 W보손과 Z보손이, 글루온에는 컬러(색전하)가 다른 8종류가 있다.

옛날에는 네 가지 힘이 하나의 힘이었다?

초고온이었던 초기 우주에서는 네 가지 힘이 하나의 동일한 힘이었던 것으로 보인다. 우주가 팽창해 온도가 내려가면서, 하나였던 힘이 갈라져 네 가지 힘이 되었다는 것이다.

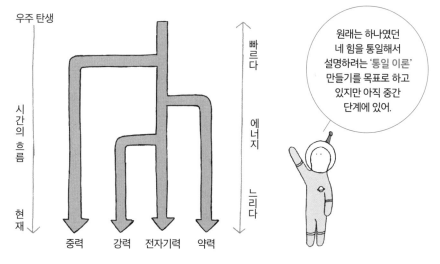

우주 탄생

시간의 흐름

현재

빠르다

에너지

느리다

원래는 하나였던 네 힘을 통일해서 설명하려는 '통일 이론' 만들기를 목표로 하고 있지만 아직 중간 단계에 있어.

중력   강력   전자기력   약력

표준 이론

표준 이론이란 현대 소립자 이론에서 '기본적으로 옳다.'고 보는 틀을 말한다. 표준 이론에서 소립자는 물질을 구성하는 **페르미온**, 힘을 매개하는 보손(265쪽), 질량을 주는 힉스 입자로 이루어져 있다고 생각하고 있다.

표준 이론에서 예상하는 소립자

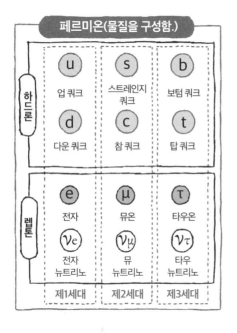

힉스 입자

표준 이론에 따르면 모든 소립자는 원래 질량이 0이고 **힉스 입자**의 작용에 따라 질량을 가진다고 한다. 영국 출신의 이론 물리학자 피터 힉스(Peter Higgs, 1929~)와 벨기에의 물리학자 프랑수아 앙글레르(Francois Englert, 1932~)가 1964년에 힉스 입자의 존재를 예언했고, 2012년 마침내 실제로 확인하면서 두 사람은 2013년 노벨 물리학상을 받았다.

소립자가 질량을 가지는 구조

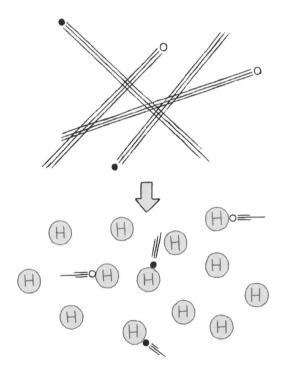

초고온인 초기 우주에서는 힉스 입자가 '증발'했기 때문에 모든 소립자는 광속으로 마구 날아다녔다.

우주가 팽창하며 온도가 내려가자 공간의 성질이 달라졌고(시공간 상전이라고 말한다.), 증발했던 힉스 입자가 공간을 채워 소립자는 힉스 입자의 저항을 받아 광속에 미치지 못하는 속도로 느려졌다. 이것은 소립자가 질량을 가지게 되었음을 의미한다.

※ 특수 상대성 이론(272쪽)에 따르면, 질량을 가지는 입자는 광속 미만의 속도로밖에 가속하지 못하고, 질량이 0인 빛(포톤)만 광속으로 운동할 수 있다. 즉 광속 미만인 속도로 움직이는 소립자는 질량을 지니고 있다는 것을 의미한다.

초대칭성 입자(SUSY 입자)란 표준 이론(266쪽)으로는 알 수 없는 미지의 입자이다. 초대칭성 이론에 따르면 모든 소립자에는 '짝'을 이루는 소립자(초대칭성 파트너)가 존재하는데, 아직 실제로 발견하지는 못했다.

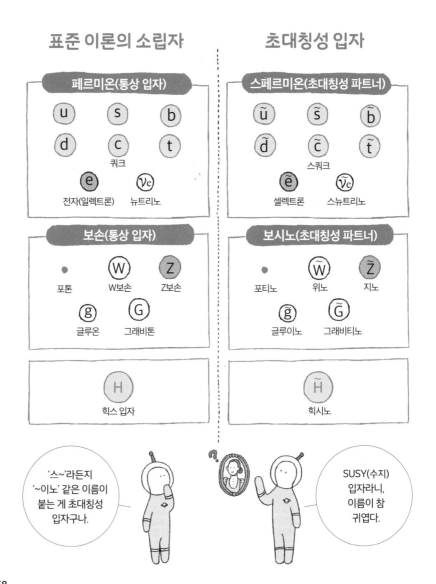

뉴트랄리노

뉴트랄리노는 초대칭성 입자 중 하나이다. 암흑 물질(216쪽)의 유력한 후보 입자 이지만 아직 실제로 발견하지 못했다.

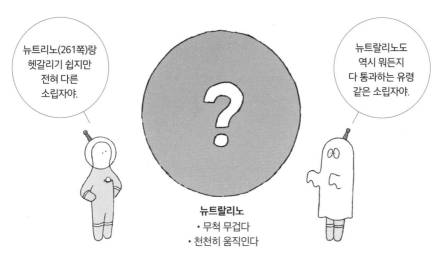

뉴트리노(261쪽)랑 헷갈리기 쉽지만 전혀 다른 소립자야.

뉴트랄리노도 역시 뭐든지 다 통과하는 유령 같은 소립자야.

뉴트랄리노
• 무척 무겁다
• 천천히 움직인다

※뉴트랄리노는 지노, 포티노, 중성 힉시노가 혼합된 상태인 초대칭성 입자이다.

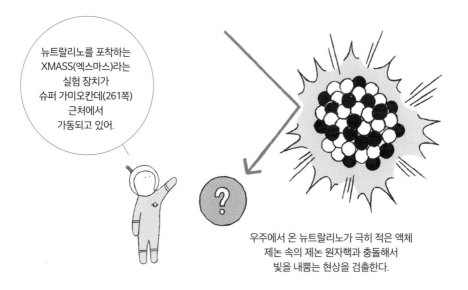

뉴트랄리노를 포착하는 XMASS(엑스마스)라는 실험 장치가 슈퍼 가미오칸데(261쪽) 근처에서 가동되고 있어.

우주에서 온 뉴트랄리노가 극히 적은 액체 제논 속의 제논 원자핵과 충돌해서 빛을 내뿜는 현상을 검출한다.

가속기

가속기(입자 가속기)란 전자와 양성자 등에 에너지를 줘서 가속하는 장치이다. 소립자 실험에서 사용되는 가속기는 거의 광속까지 가속시킨 입자끼리 충돌시킴으로써, 평소에는 볼 수 없는 희소 소립자를 만들 수 있다.

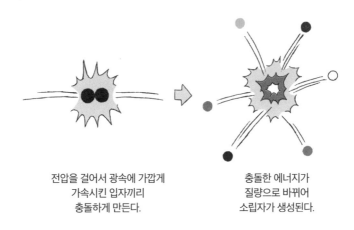

전압을 걸어서 광속에 가깝게
가속시킨 입자끼리
충돌하게 만든다.

충돌한 에너지가
질량으로 바뀌어
소립자가 생성된다.

전자볼트

전자볼트(eV)는 에너지 단위 중 하나이다. 1전자볼트는 전자를 1볼트의 전압으로 가속시켰을 때 얻는 에너지를 나타낸다. 에너지와 질량은 같은 것이므로, 소립자의 질량 단위에도 전자볼트가 사용된다.

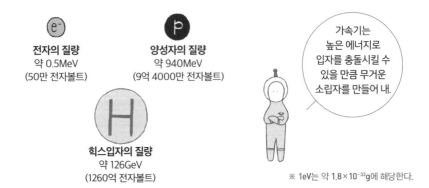

전자의 질량
약 0.5MeV
(50만 전자볼트)

양성자의 질량
약 940MeV
(9억 4000만 전자볼트)

가속기는
높은 에너지로
입자를 충돌시킬 수
있을 만큼 무거운
소립자를 만들어 내.

힉스입자의 질량
약 126GeV
(1260억 전자볼트)

※ 1eV는 약 1.8×10^{-33}g에 해당한다.

LHC

LHC(대형 강입자 충돌기)는 CERN(세른, 유럽원자핵공동연구소)이 건설한 세계 최대의 충돌형 원형 가속기의 명칭이다. 힉스 입자(267쪽)를 발견하는 등 큰 성과를 내고 있다.

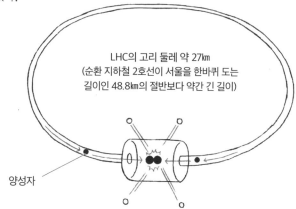

LHC의 고리 둘레 약 27km
(순환 지하철 2호선이 서울을 한바퀴 도는
길이인 48.8km의 절반보다 약간 긴 길이)

양성자

스위스 제네바 교외의 지하에 건설된 LHC는 길이 약 27km인 고리 안에서 초전도 자석을 이용해 광속에 가깝게 가속시킨 양성자끼리 충돌시켜 미지의 소립자를 만든다.

WANTED
★ ★ ★
SUSY

힉스 입자를
발견한 LHC는 이번에는
초대칭성 입자(268쪽)
등의 발견을 목표로
하고 있어.

최고 14TeV
(14조 전자볼트)인
엄청나게 높은 에너지
상태를 만들어 낼 수 있는
LHC는 빅뱅의 순간을
재현하는 장치야.

Big
Bang!

특수 상대성 이론

아인슈타인이 만든 **상대성 이론**에는 두 가지 종류가 있다. 그중에서 먼저 만든 **특수 상대성 이론**은 운동을 하면 시간과 공간의 척도가 바뀐다(시간의 흐름이 느려지거나 진행 방향의 길이가 줄어든다.)는, 기존의 상식을 뒤집는 진리를 밝혔다.

상대성 이론은 시간과 공간의 성질을 밝혀낸 물리 이론이란다.

아인슈타인

고속 우주선을 타고 우주여행을 하면 나이를 먹지 않는다?

빛에 가까운 속도로 비행하는
우주선을 타고 우주로 출발!

광속에 가깝게 운동하면
시간 진행이 무척 느려지기 때문에
우주 비행사는 거의 나이를 먹지 않는다.

SF 영화
등에서는
'우라시마 효과'라고
불러.

※ 일본의 용궁 설화 〈우라시마 타로 이야
기〉에서 유래했다. 주인공 우라시마 타
로가 거북이 등을 타고 용궁에 다녀왔더
니 자신을 제외한 모든 사람이 늙어 있
었다는 내용이다.

빛의 속도를 초월하기란 불가능하다?

특수 상대성 이론은 각자 다른 속도로 운동하는 사람이라도 빛의 속도는 일정하게 보인다는 '광속도(광속 c=초속 약 30만 ㎞) 불변의 원리'를 토대로 하고 있다. 그리고 어떤 운동이든 광속을 초월하는 것은 불가능하다고 본다.

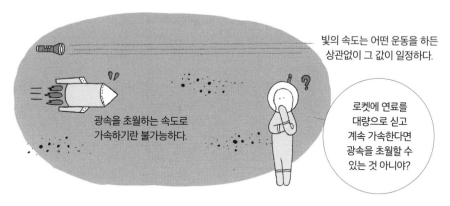

빛의 속도는 어떤 운동을 하든 상관없이 그 값이 일정하다.

광속을 초월하는 속도로 가속하기란 불가능하다.

로켓에 연료를 대량으로 싣고 계속 가속한다면 광속을 초월할 수 있는 것 아니야?

에너지가 질량으로 바뀐다고?

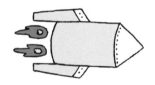

광속에 가깝게 비행하는 로켓이 거기서 더 속도를 올리려고 엔진을 분사한다(에너지를 준다).

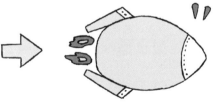

속도는 계속 오르지 않고 로켓의 질량이 늘어난다(에너지가 질량으로 바뀐다). 그래서 광속을 초월할 수 없다.

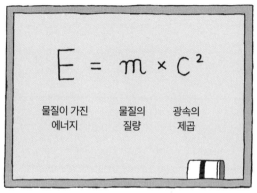

$$E = m \times c^2$$

물질이 가진 에너지 / 물질의 질량 / 광속의 제곱

질량을 가진 물체 속에는 거대한 에너지가 숨겨져 있어.

일반 상대성 이론은 종래의 중력 이론(뉴턴의 중력 이론)을 특수 상대성 이론에 맞게 다시 만든 것이다. 일반 상대성 이론은 물질이 존재하면 시공간(시간과 공간을 함께 다룬 개념)이 휘는 것, 그리고 시공간이 휘면서 물질이 움직이는 현상이야말로 중력에 의한 운동이라는 사실을 밝혀냈다.

물질이 있으면 시공간이 휜다?

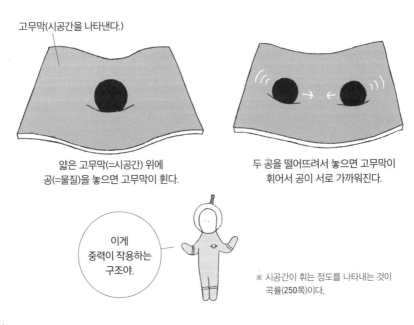

※ 시공간이 휘는 정도를 나타내는 것이 곡률(250쪽)이다.

중력이 강하면 시간 흐름이 느려진다?

일반 상대성 이론에 따르면 중력이 강한 장소에서는 시간의 흐름이 느려진다. 지구의 중력은 지구 중심에서 멀어질수록 약해지기 때문에, 땅에 둔 시계보다 상공에 있는 시계가 아주 조금 더 빨라진다.

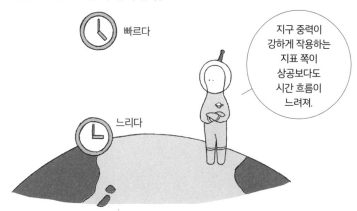

빠르다

느리다

지구 중력이 강하게 작용하는 지표 쪽이 상공보다도 시간 흐름이 느려져.

GPS는 상대성 이론을 바탕으로 시간을 보정한다?

GPS(전 지구 위치 파악 시스템)는 상공 약 2만 ㎞를 초속 약 4㎞로 도는 복수의 GPS 위성으로부터 전파를 수신하여, 자신의 현재 위치를 파악하는 시스템이다. GPS 위성에 실린 원자시계(아주 정확한 시계)는 상대성 이론에 근거해 시간을 보정한다.

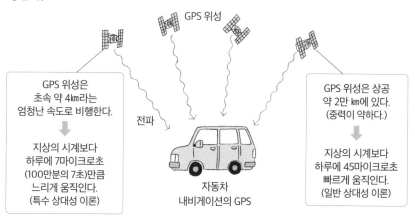

GPS 위성

GPS 위성은 초속 약 4㎞라는 엄청난 속도로 비행한다.

↓

지상의 시계보다 하루에 7마이크로초 (100만분의 7초)만큼 느리게 움직인다. (특수 상대성 이론)

전파

자동차 내비게이션의 GPS

GPS 위성은 상공 약 2만 ㎞에 있다. (중력이 약하다.)

↓

지상의 시계보다 하루에 45마이크로초 빠르게 움직인다. (일반 상대성 이론)

위의 두 영향이 합쳐져, GPS 위성의 원자시계가 지상의 시계보다도 하루에 38마이크로초 더 빨리 움직여서 시간을 보정한다.

양자론

Quantum theory

양자론은 미시 세계에서의 물리 법칙이다. 미시 세계(원자보다도 작은 세계)는 우리 눈에 보이는 거시 세계와는 다른 기묘한 물리 법칙이 지배하고 있다. 그 법칙을 정리한 것이 양자론이다.

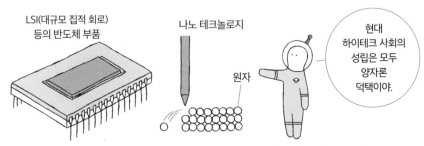

LSI(대규모 집적 회로)
등의 반도체 부품

나노 테크놀로지

원자

현대
하이테크 사회의
성립은 모두
양자론
덕택이야.

※ 상대성 이론은 아인슈타인이 혼자서 거의 다 만들었지만, 양자론은 플랑크, 보어, 드브로이,
하이젠베르크, 슈뢰딩거, 보른 등 많은 물리학자들이 만들었다.

미시적 물질은 입자이자 파동이다?

전자

전자(의 파동)

누가 보고 있을 때 전자 등 미시적 물질은
'입자'로 한 군데에서 발견된다.

누구도 보지 않을 때 미시적 물질은
'파동'이 되어 '다양한 장소'에 존재한다.

미시적 물질은
'입자'로서의 성질과
'파동'으로서의 성질을
모두 가지고 있는
신기한 존재야.

파동

입자

미시적 물질의 미래는 주사위로 정한다?

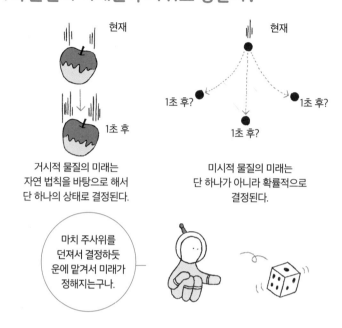

현재

1초 후

거시적 물질의 미래는
자연 법칙을 바탕으로 해서
단 하나의 상태로 결정된다.

현재

1초 후?

1초 후?

1초 후?

미시적 물질의 미래는
단 하나가 아니라 확률적으로
결정된다.

마치 주사위를
던져서 결정하듯
운에 맡겨서 미래가
정해지는구나.

미시 세계에서는 모든 것이 흔들린다?

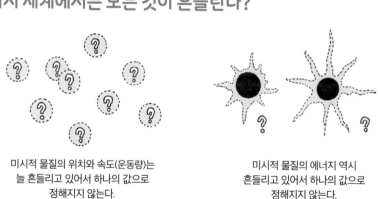

미시적 물질의 위치와 속도(운동량)는
늘 흔들리고 있어서 하나의 값으로
정해지지 않는다.

미시적 물질의 에너지 역시
흔들리고 있어서 하나의 값으로
정해지지 않는다.

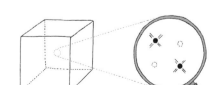

'진공'은 '아무것도 없는
상태(에너지가 0)'가 아니라
유와 무 사이에서 흔들리고 있다(242쪽).

양자 중력 이론 Quantum gravity theory

양자 중력 이론은 일반 상대성 이론과 양자론을 합친 미완의 이론이다. '중력에 양자론의 내용을 적용한 것'으로 '시공간의 양자론'이라고도 할 수 있다. 우주의 시초를 밝혀내기 위해서는 양자 중력 이론을 완성시켜야 한다.

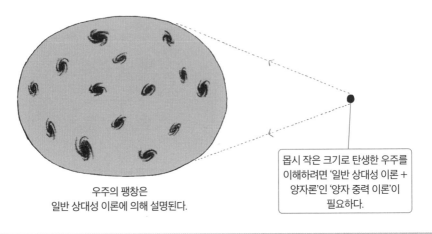

우주의 팽창은
일반 상대성 이론에 의해 설명된다.

몹시 작은 크기로 탄생한 우주를 이해하려면 '일반 상대성 이론 + 양자론'인 '양자 중력 이론'이 필요하다.

초끈이론 Superstring theory

초끈이론은 양자 중력 이론의 유력한 후보 중 하나이다. 끈이론과 초대칭성 이론 (268쪽)이라는 두 가설을 합한 것이다.

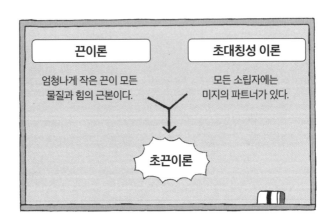

궁극의 미소 구성 요소는 '끈'?

초끈이론은 궁극의 미소 구성 요소란 점 형태의 입자가 아니라 몹시 작은 길이를 가진 1차원 '끈'이라고 주장한다. 끈이 다양한 방향(차원)으로 진동하면 모든 종류의 소립자로 변신한다. 현재 알려진 수십 개의 소립자로 변신하기 위해서는, 공간의 차원이 9 또는 10개가 필요하다(246쪽).

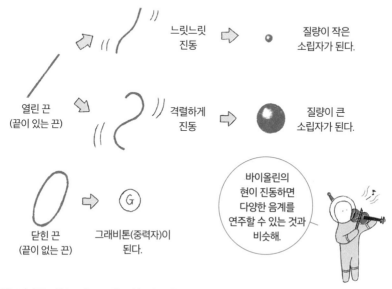

느릿느릿 진동 → 질량이 작은 소립자가 된다.

열린 끈 (끝이 있는 끈)

격렬하게 진동 → 질량이 큰 소립자가 된다.

닫힌 끈 (끝이 없는 끈)

그래비톤(중력자)이 된다.

바이올린의 현이 진동하면 다양한 음계를 연주할 수 있는 것과 비슷해.

끈의 끝에는 '브레인'이 달라붙어 있다?

끈의 끝에는 반드시 브레인(246쪽)이라는 에너지 덩어리가 달라붙어 있어서 열린 끈은 브레인에서 떨어질 수 없다. 하지만 닫힌 끈은 그렇지 않다. 그래비톤은 닫힌 끈으로 만들어지기 때문에 유일하게 중력만 브레인에서 벗어나 전달된다.

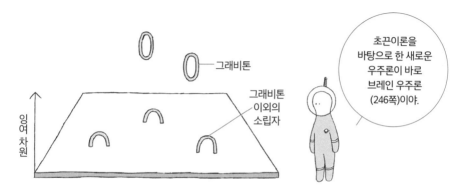

그래비톤

그래비톤 이외의 소립자

잉여 차원

초끈이론을 바탕으로 한 새로운 우주론이 바로 브레인 우주론 (246쪽)이야.

전자기파

전자기파는 공간을 이동해 전달되는 전기적 파동이다. 전기적 파동이 일어나면 동시에 자기적 파동도 일어나기 때문에 전자기파라고 부른다. 전자기파는 파장 (파동이 가장 높은 '마루'에서 다음 마루까지의 거리)의 차이에 따라 전파, 적외선, 빛(가시광선), 자외선, X선, 감마선 등으로 분류된다.

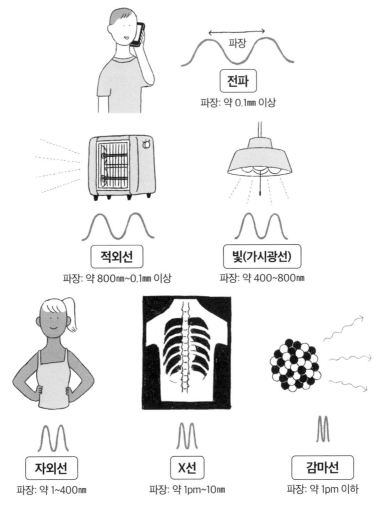

파장

전파

파장: 약 0.1㎜ 이상

적외선

파장: 약 800㎚~0.1㎜ 이상

빛(가시광선)

파장: 약 400~800㎚

자외선

파장: 약 1~400㎚

X선

파장: 약 1pm~10㎚

감마선

파장: 약 1pm 이하

※각 전자기파의 파장 범위는 엄밀히 정해져 있지 않고 서로 다소 겹친다.
※위 그림에서 각 전자기파의 파장은 실제 비율과는 다르다.
※1㎚(나노미터)는 100만분의 1㎜, 1pm(피코미터)는 10억분의 1㎜.

가시광선

가시광선(단순히 빛이라고도 한다.)은 전자기파 중에서 사람의 눈에 보이는 약 400~800nm의 파장이다. 사람과 많은 동물의 눈은 햇빛의 스펙트럼(182쪽)에 맞게 진화했기 때문에 가시광선을 인식할 수 있다.

태양이 가시광선을 많이 보내니까 동물의 눈이 그 빛을 이용할 수 있게끔 진화한 거야.

가시광선으로 우주를 보면 무엇이 보일까?

항성은 대부분 가시광선의 파장으로 제일 밝게 빛난다. 따라서 항성 자체를 관측하거나 별의 대집단인 은하의 구조, 나아가 우주에서 은하의 분포 등을 조사할 때는 가시광선에 의한 관측이 가장 적합하다.

지구인들은 옛날부터 육안이나 망원경으로 우주를 관측했지.

전파

전파는 파장이 약 0.1㎜보다 긴 전자기파이다. 빛(가시광선)과 마찬가지로 공간에서 광속으로 전달되는 전파는 휴대전화와 텔레비전, 라디오, 위성통신 등 무선통신 수단으로 사용되기 때문에 현대 사회에 없어서는 안 되는 것이다.

전파의 종류와 주된 용도

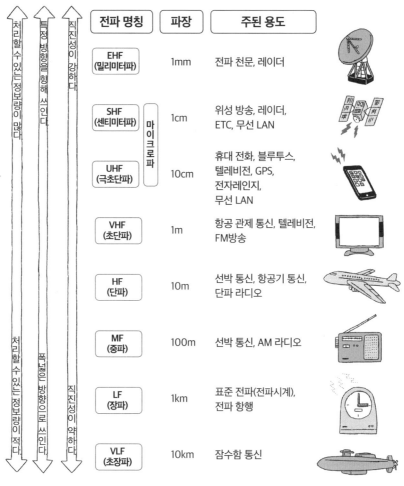

			전파 명칭	파장	주된 용도
처리할 수 있는 정보량이 많다	특정 방향을 향해 쓰인다	직진성이 강하다	EHF (밀리미터파)	1mm	전파 천문, 레이더
			SHF (센티미터파) 〔마이크로파〕	1cm	위성 방송, 레이더, ETC, 무선 LAN
			UHF (극초단파)	10cm	휴대 전화, 블루투스, 텔레비전, GPS, 전자레인지, 무선 LAN
			VHF (초단파)	1m	항공 관제 통신, 텔레비전, FM방송
			HF (단파)	10m	선박 통신, 항공기 통신, 단파 라디오
처리할 수 있는 정보량이 적다	폭넓은 방향으로 쓰인다	직진성이 약하다	MF (중파)	100m	선박 통신, AM 라디오
			LF (장파)	1km	표준 전파(전파시계), 전파 항행
			VLF (초장파)	10km	잠수함 통신

※ 마이크로파 파장의 정확한 정의는 없고, 파장 1~30㎝ 정도의 극초단파와
센티미터파만 가리키거나 밀리미터파까지 포함해서 넓은 의미로 사용되는 경우가 많다.

우리 은하의 중심부에서 전파가 온다?

우주에서 오는 전파는 발생 구조에 따라 두 종류로 나눌 수 있다. 그중 하나는 무척 과격한 천체 현상 때문에 발생하는 전파이다. 예를 들면 은하수의 궁수자리 방향에서 발생한 전파가 지구에 도달한다(202쪽). 우리 은하의 중심부에서 과격한 에너지 활동이 일어나면서 전파가 발생하는 것이다.

우리 은하의
중심부에서 오는 전파

태양 표면에서
플레어(38쪽)가
일어났을 때도
같은 구조로 전파가
방출돼.

태양의 플레어가
일어날 때
방출되는 전파

저온의 우주에서도 전파가 온다?

앞에서와 반대로, 몹시 조용하고 저온인 우주로부터도 전파가 온다. 천체는 온도가 높을수록 파장이 짧은 전자기파를 방출한다. 파장이 긴 전자기파인 전파를 방출하는 천체는 무척 저온이다. 예를 들면 새로운 별이 탄생하는 장소인 암흑성운(142쪽)은 약 −260℃로 엄청나게 저온인데, 전파를 많이 방출한다. 따라서 전파로 우주를 관측하면 별이 탄생하는 장소를 알아볼 수 있다.

고온인 천체가
가시광선으로 빛나는
'뜨거운 우주'와는 전혀 다른
'차가운 우주'라는 측면을
우리에게 가르쳐 주는 것이
바로 전파 천문학이야.

전파 망원경

적외선

적외선은 전파보다 파장이 짧고(약 0.1㎜ 이하), 가시광선보다 파장이 긴(약 800 ㎚) 전자기파다. 물체가 적외선을 흡수하면 온도가 올라가므로 적외선을 열선이라고 부르기도 한다.

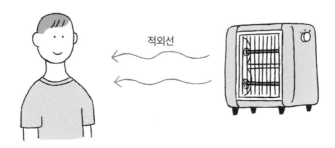

적외선

적외선으로 우주를 보면 무엇이 보일까?

적외선은 온도가 약간 낮은 천체 관측에 적합해서, 원시별(147쪽)이나 별에 데워진 먼지를 관측할 수 있다. 또 적외선은 먼지를 투과하기 때문에 먼지에 가려진 우리 은하의 중심부 등을 직접 볼 수도 있다. 또한 아주 멀리 있는 은하의 빛은 적색 이동(226쪽)에 의해 파장이 적외선 영역까지 늘어나기 때문에 그런 은하의 관측도 적외선으로 한다.

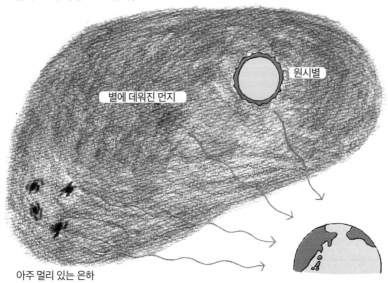

원시별

별에 데워진 먼지

아주 멀리 있는 은하

자외선

자외선은 가시광선보다 파장이 짧고(약 400㎚ 이하), X선보다 파장이 긴(약 1㎚ 이상) 전자기파다. 물체가 자외선을 흡수하면 화학 반응을 일으키기 쉬워진다는 특성이 있는데, 자외선에 노출되면 피부가 타는 것 역시 이런 특성 때문이다.

자외선

자외선으로 우주를 보면 무엇이 보일까?

자외선은 몹시 뜨거운 천체 관측에 적합하다. 스타버스트(213쪽)로 탄생한 젊고 몹시 무거운 별이나 늙은 별의 말기 모습인 백색 왜성(159쪽)은 수만 도에서 10만 도에 이르는 몹시 뜨거운 천체인데, 자외선을 많이 방출하기 때문에 자외선으로 관측한다. 또, 수백만 도에 달하는 태양의 코로나(36쪽) 관측도 자외선으로 한다.

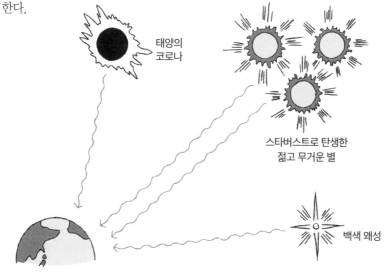

태양의
코로나

스타버스트로 탄생한
젊고 무거운 별

백색 왜성

X선/감마선

X선은 자외선보다 파장이 짧은(약 1pm~10㎚) 전자파이고, 감마선은 X선보다 더 파장이 짧은(약 1pm 미만) 전자기파이다. 이 둘을 합쳐서 방사선(전자 방사선)이라고 부르기도 한다. 물질을 통과하는 '투과 작용'과 투과할 때 분자와 원자로부터 전자를 튕겨 내보내는 '전이 작용'이 방사선의 특징이다.

X선과 감마선으로 우주를 보면 무엇이 보일까?

X선은 수백만 도에서 수억 도라는 초고온 영역에서 방출된다. 표면 온도가 100만 도를 넘는 중성자별(24쪽), 블랙홀의 주위에 있는 강착원반(169쪽), 은하단 내부에 있는 초고온 플라스마 가스(215쪽) 등을 X선으로 관측한다. 감마선 역시 X선원(X-ray source)과 같은 초고온 영역에서 방출된다.

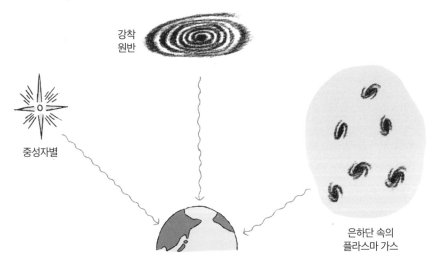

강착
원반

중성자별

은하단 속의
플라스마 가스

감마선 폭발

감마선 폭발은 0.01초에서 수분이라는 단시간에 폭발적으로 감마선을 방출하는, 우주 최대의 폭발 현상이다. 아주 무거운 별이 일생 최후에 일어나는 순간 폭발(극초신성 폭발 등으로 부른다.)로 짐작되지만, 아직 밝혀지지 않은 것이 많아 수수께끼로 가득한 현상이다.

대기 창

대기창이란 지구 대기를 통과할 수 있는 전자기파의 파장 영역을 말한다. 우주에서는 태양과 멀리 있는 천체로부터 다양한 종류의 전자기파가 오는데, 지구 대기는 거의 모든 파장의 전자기파를 통과시켜 주지 않고, 극히 일부의 파장 영역에 대해서만 '창문'이 열린다.

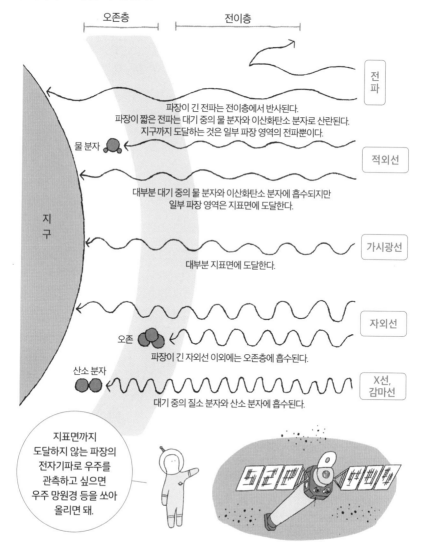

오존층   전이층

전파

파장이 긴 전파는 전이층에서 반사된다.
파장이 짧은 전파는 대기 중의 물 분자와 이산화탄소 분자로 산란된다.
지구까지 도달하는 것은 일부 파장 영역의 전파뿐이다.

물 분자

적외선

대부분 대기 중의 물 분자와 이산화탄소 분자에 흡수되지만
일부 파장 영역은 지표면에 도달한다.

지구

가시광선

대부분 지표면에 도달한다.

자외선

오존

파장이 긴 자외선 이외에는 오존층에 흡수된다.

산소 분자

X선,
감마선

대기 중의 질소 분자와 산소 분자에 흡수된다.

지표면까지 도달하지 않는 파장의 전자기파로 우주를 관측하고 싶으면 우주 망원경 등을 쏘아 올리면 돼.

중력파

중력파는 시공간의 진동이 잔물결처럼 빛의 속도로 주위에 전달되는 현상이다. 아인슈타인이 일반 상대성 이론을 바탕으로 생각한 끝에 중력파의 존재를 예상했고, 1916년 발표했다.

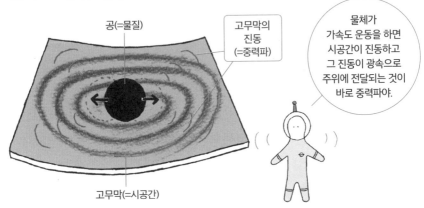

공(=물질)

고무막의 진동 (=중력파)

물체가 가속도 운동을 하면 시공간이 진동하고 그 진동이 광속으로 주위에 전달되는 것이 바로 중력파야.

고무막(=시공간)

※ 가속도 운동이란 물체의 속도와 진행 방향이 변화하는 운동을 말한다.

중력파는 어떨 때 발생할까?

중력파는 우리가 팔을 휘두르기만 해도 발생하는데, 그런 중력파는 너무 약해서 검출되지 않는다. 초신성 폭발 때나 중성자별끼리 혹은 블랙홀끼리 충돌이나 합체할 때 등 무척 과격한 천문 현상이 일어나면 발생하는 에너지의 일부가 강력한 중력파로 방출될 때 검출이 가능하다.

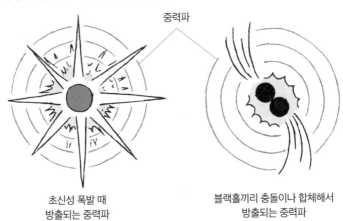

중력파

초신성 폭발 때 방출되는 중력파

블랙홀끼리 충돌이나 합체해서 방출되는 중력파

GW150914

GW150914는 처음으로 직접 검출한 중력파의 명칭이다. 미국의 중력파 망원경 LIGO(라이고)가 2015년 9월 14일에 검출해서 진중한 분석 끝에 틀림없는 중력파라는 사실이 증명되었고 2016년 2월에 발표되었다.

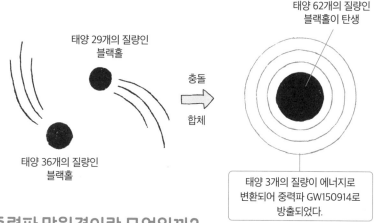

태양 29개의 질량인 블랙홀

태양 36개의 질량인 블랙홀

충돌

합체

태양 62개의 질량인 블랙홀이 탄생

태양 3개의 질량이 에너지로 변환되어 중력파 GW150914로 방출되었다.

중력파 망원경이란 무엇일까?

중력파가 도달하면 공간이 살짝 늘어나거나 줄어든다. 직각으로 교차하는 두 개의 '팔' 내부를 레이저 빛을 왕복시키고 그 빛의 도달 시간 변화를 파악하여 중력파의 도달을 알아내는 것이 중력파 망원경의 원리이다. 미국의 LIGO 이외에도 유럽의 VIRGO(버고), 일본의 KAGRA(카그라, 2018년에 본격 가동 개시) 등이 있으며, 중력파 망원경의 국제 네트워크가 계속 형성되고 있다.

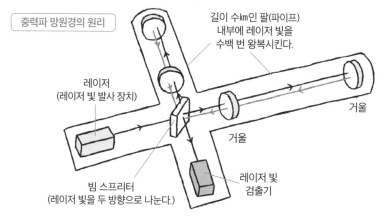

중력파 망원경의 원리

길이 수km인 팔(파이프) 내부에 레이저 빛을 수백 번 왕복시킨다.

레이저 (레이저 빛 발사 장치)

거울

거울

빔 스프리터 (레이저 빛을 두 방향으로 나눈다.)

레이저 빛 검출기

원시 중력파

원시 중력파는 우주가 탄생하고 바로 급팽창(240쪽)을 일으켰을 때 만들어진 중력파이다. 갓 태어난 미시 우주에 존재했던 '시공간의 흔들림'이 급팽창에 의해 길게 늘어나며 중력파가 되었고 현재 우주 전체에 가득 차 있다. 이것이 원시 중력파이다.

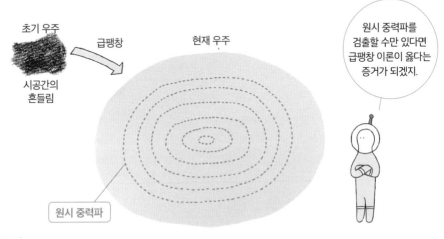

초기 우주

급팽창

현재 우주

시공간의
흔들림

원시 중력파

원시 중력파를
검출할 수만 있다면
급팽창 이론이 옳다는
증거가 되겠지.

원시 중력파를 어떻게 관측할까?

원시 중력파는 몹시 약해서(저주파), LIGO나 KAGRA 등으로는 검출이 불가능하다. 그래서 우주에 중력파 망원경을 쏘아 올려 검출하자는 주장이 나왔다. 한편 우주 배경 복사(238쪽)에 새겨진 원시 중력파의 영향을 알아보면, 원시 중력파의 존재를 간접적으로 증명하는 방법도 있기 때문에, 그러한 관측 계획도 현재 전 세계에서 진행하고 있다.

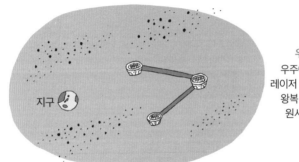

지구

우주 중력파 망원경
우주에 쏘아 올린 위성끼리
레이저 빛을 발사해서 레이저 빛
왕복 시간의 변화를 관찰해
원시 중력파를 검출한다.

우주끈

우주끈이란 초기 우주에서 진공의 상전이(267쪽)가 일어났을 때 만들어져 현재 우주에서도 떠돌 가능성이 있는, 몹시 뜨거운 끈 형태의 에너지 덩어리를 말한다. 현재 우주에서 우주끈은 아직까지 발견되지 않았다.

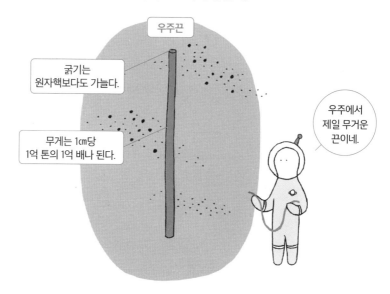

우주끈

굵기는 원자핵보다도 가늘다.

무게는 1㎝당 1억 톤의 1억 배나 된다.

우주에서 제일 무거운 끈이네.

고리 모양인 우주끈이 중력파를 내뿜는다?

고리 모양인 '닫힌 우주끈'은 진동하면서 중력파를 내뿜으며 점점 사라진다고 보고 있다. 이 중력파를 관측하는 데 성공한다면 우주끈의 존재를 밝힐 수 있을지도 모른다.

중력파

중력파 연구를 통해 여러 가지를 알 수 있어.

NASA

NASA(미국 항공우주국)는 미국의 우주 개발·연구 기관이다. 1958년에 발족해서 아폴로 계획, 스페셜 계획 등을 달성하였다.

ESA

ESA(유럽 우주 기관)은 유럽 각국이 공동으로 설립한 우주 개발·연구 기관으로, 본부는 프랑스 파리에 있다. 유럽 각국은 저마다 독자적인 우주 기관(프랑스의 CNES, 독일의 DLR 등)도 가지고 있다.

세계 주요 우주 기관

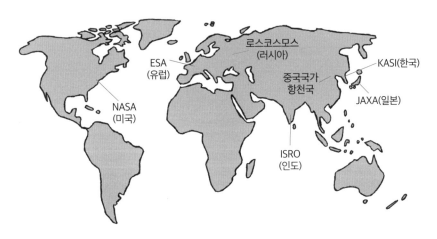

국제 우주 정거장

International Space Station

국제 우주 정거장(약칭 ISS)은 미국, 러시아, 일본, 캐나다, ESA가 공동으로 운용하는 유인 우주 시설이다. 우주 환경(미소 중력, 고진공 등)을 이용한 연구와 실험, 나아가 지구와 우주의 관측을 진행하고 있다.

국제 우주 정거장

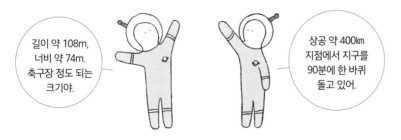

길이 약 108m, 너비 약 74m. 축구장 정도 되는 크기야.

상공 약 400km 지점에서 지구를 90분에 한 바퀴 돌고 있어.

거대 마젤란 망원경 재단

Giant Magellan Telescope organization

천체 관측을 위한 **거대 마젤란 망원경**(Giant Magellan Telescope, GMT)을 제작하고 운영하는 국제기구다. 한국천문연구원과 미국 카네기재단 천문대, 오스트레일리아 천문재단, 브라질 상파울루 연구재단 등 4개국 11개 기관이 참여했다. 거대 마젤란 망원경은 반사경의 유효 직경이 24.5m에 이르는 세계 최대 망원경으로, 칠레 아타카마주 라스 캄파나스 천문대에 설치될 예정이다. 2021년에 초기 운영에 들어갈 예정이며, 2025년 정상 운영이 가능할 것으로 예상되고 있다.

TMT

Thirty Meter Telescope

TMT(30미터 망원경)는 미국, 캐나다, 중국, 일본, 인도의 국제 협력을 통해 건설을 목표로 하고 있는 차세대 초대형 망원경이다. 492장의 복합 거울로 이루어진 구경 30m의 초거대 망원경인데, 하와이의 마우나케아산 정상에 2027년 무렵 가동 개시를 목표로 건설 계획이 진행 중이다. 외계 행성(184쪽)의 표면과 대기 조성을 직접 관측해서 '생명체가 살 가능성이 있는 외계 행성'을 찾아내거나, 우주 최초로 빛나기 시작한 별과 은하를 관측하여 우주 거대 구조(222쪽)가 어떻게 형성되었는지 비밀을 풀어내길 기대하고 있다.

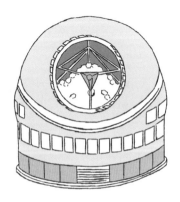

TMT(완성 예상도)

알마 망원경

알마(ALMA) 망원경은 남아메리카 칠레의 아타카마 고지(해발 5000m)에 건설된 세계 최대급 전파 망원경이다. 아시아와 북아메리카, 유럽 각국이 공동으로 건설하여 2013년에 개소식을 가졌다. 66대의 전파 망원경을 나열해 그 수신 데이터를 조합함으로써, 하나의 거대한 가상 전파 망원경으로 삼았다.(**전파 간섭계**라고도 한다.) 허블 우주 망원경의 10배, 사람으로 비유하면 '시력 6000(최고치)'의 경이로운 시력을 자랑한다.

알마 망원경

알마는 '아타카마 대형 밀리미터파 서브밀리미터파 간섭계'의 약칭이야. 에스파냐어로 '영혼'을 의미하는 단어이기도 하지.

알마 망원경으로 무엇을 볼 수 있을까?

알마 망원경은 밀리미터파(282쪽)와 서브밀리미터파라는, 아주 먼 은하가 방출하는 전파와 초저온 우주 공간으로부터 오는 전파를 포착할 수 있다. 그래서 은하가 어떻게 탄생해서 진화하는지에 관한 '은하 탄생의 비밀'이나, 젊은 별 주위에서 행성이 어떻게 탄생하는지에 대한 '행성계 형성의 비밀(115쪽)'을 찾을 수 있다. 나아가 우주 공간에 존재하는 다양한 원자와 분자가 쏘는 전파를 관측해 거기에 포함된 아미노산 등 생명 탄생과 관련된 물질을 찾아냄으로써 '생명 탄생의 비밀'에 가까이 다가가는 것 또한 기대하고 있다.

허블 우주 망원경 Hubble Space Telescope

허블 우주 망원경은 NASA가 1990년에 쏘아 올린, 고도 600㎞의 궤도상을 도는 우주 망원경이다. 가시광선, 적외선, 자외선 등 폭넓은 파장 영역에서 관측할 수 있다. 구경은 2.4m로 그리 크지 않지만, 대기와 날씨의 영향을 받지 않는 '하늘을 나는 천문대'로, 지금까지 몹시 선명한 천체 영상과 경이로운 우주의 진짜 모습을 우리에게 전해 주고 있다.

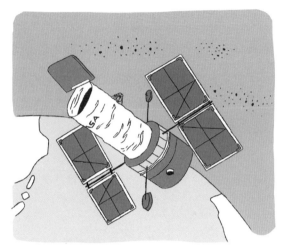

허블 우주 망원경

제임스 웹 우주 망원경 James Webb Space Telescope

제임스 웹 우주 망원경은 허블 우주 망원경의 후속 모델로 NASA가 쏘아 올릴 예정인 우주 망원경이다. 지구로부터 약 150만 ㎞ 떨어진 지점에 설치될 예정이다. 구경은 6.5m이며 적외선으로 관측해서 우주 초기에 탄생한 별과 은하 관측, 외계 행성 조사 등을 진행한다. 2020년 발사를 목표로 하고 있다.

제임스 웹 우주 망원경
(완성 예상도)

찾아보기